教育部人文社会科学研究项目（17YJC760026）

广东省哲学社会科学规划项目（GD16CYS02、GD20CYS13）

排瑶服饰数字化保护与传承

江汝南　董金华　著

中国纺织出版社有限公司

内 容 提 要

本书通过数字化保护手段3D复原虚拟展示技术、CAD制图结构技术、纹样矢量图解与应用技术，对排瑶服饰进行了全面的梳理与系统化的研究。书中内容包括排瑶妇女、男子、儿童三个类别的服饰，运用数字化处理技术对油岭、南岗、大麦山、军寮、大坪、金坑、香坪、涡水六联、盘石地区服饰进行重点研究与阐述。同时，对排瑶服饰数字化3D复原虚拟技术实践、排瑶刺绣形纹与针法操作、排瑶服饰文化的传承与创新也一并做了阐述。本书配套专题网站：粤北瑶族民族服饰艺术。

本书可供瑶族服饰、地域服饰、民族服饰文化的研究者和爱好者以及对3D服饰虚拟展示技术感兴趣者阅读参考。

图书在版编目（CIP）数据

排瑶服饰数字化保护与传承 / 江汝南，董金华著
.-- 北京：中国纺织出版社有限公司，2021.11
ISBN 978-7-5180-8629-0

Ⅰ.①排… Ⅱ.①江… ②董… Ⅲ.①数字技术—应用—瑶族—民族服饰—保护—研究 Ⅳ.① TS941.742.8-39

中国版本图书馆 CIP 数据核字（2021）第 110360 号

责任编辑：张晓芳 亢莹莹
责任校对：王花妮 责任印制：何 建

中国纺织出版社有限公司出版发行
地址：北京市朝阳区百子湾东里 A407 号楼 邮政编码：100124
销售电话：010—67004422 传真：010—87155801
http://www.c-textilep.com
中国纺织出版社天猫旗舰店
官方微博 http://weibo.com/2119887771
北京华联印刷有限公司印刷 各地新华书店经销
2021 年 11 月第 1 版第 1 次印刷
开本：787×1092 1/16 印张：17
字数：266 千字 定价：128.00 元

前　言

　　《排瑶服饰数字化保护与传承》是 2016 年度广东省哲学社会科学规划项目"粤北瑶族服饰数字抢救与保护研究"（批准号 GD16CYS02）的结题成果。同时也是 2017 年度教育部人文社会科研研究"粤北瑶族服饰刺绣非遗的数字化传承与传播研究"（批准号 17YJC760026）的阶段性研究成果。

　　排瑶是瑶族盘瑶支系中的一个重要分支，特指广东省连南瑶族自治县境内的瑶族人民，连南瑶族自治县是中国境内排瑶唯一的栖息地，享有"世界排瑶之乡"的美誉。排瑶服饰主要包括东三排的油岭服饰、南岗服饰、大麦山服饰；西五排的军寮服饰、大坪服饰、金坑服饰、香坪服饰、涡水六联、盘石服饰。排瑶男女服饰喜好黑色、红色，在黑色底布上用大红或深红色绒丝线进行反面刺绣。反面挑花正面看的"反面绣"是排瑶刺绣特有的技艺，正反两面都能呈现完美的视觉效果。无领、无扣对襟或大襟上衣靠系腰带固定，下身喜好穿阔腿裤和绣花裙，小腿裹脚绑，男女都挎绣花袋。由于瑶族只有自己的语言，没有本民族的文字，所以瑶族祖祖辈辈都只能以口述手传的方式传承瑶族服饰刺绣工艺，在一定程度上限制了瑶族文化的对外交流与发展。

　　广东瑶族博物馆是中国境内唯一的瑶族专题博物馆，里面收藏着上千件瑶族文物，主要包括农业生活生产用具、服饰、银器等，其中服饰展厅展有八大排瑶的男女各类服饰和儿童服饰。瑶族博物馆目前还是以不可触摸的实物、镜面传统展示方式为主，在时空和交互体验方面一定程度上限制了排瑶服饰的传播与传承。随着信息技术与数字展示技术的发展，文物数字博物馆已打破时空限制，具备在线、快捷、可视化 3D 展示的优势，成为境内外博物馆当前及未来发展的方向。

　　本项目研究成果排瑶服饰 3D 虚拟展示设计是针对广东瑶族博物馆排瑶服饰进行的专题研究，利用计算机图形软件技术将文物服饰的外观、形态、纹样肌理移植到电子屏幕显示终端。通过鼠标滑动对服饰图像进行放大、缩小、移动等操作，便可以观看文物服饰的前、后、左、右、上、下、里、外等各细节，这种交互式的操作可以拉近观众与文物服饰的接触距离，使之产生亲切感，避免传统意义上文物服饰镜框展示带给观众的"不可触摸或拒绝式"体验。因此，本项目可以作为广东瑶族服饰数字博物馆建设的重要资料补充，用于服饰数字博物馆虚拟展示中的交互式展示，同时适用于民族服饰教育教学活动以及"非遗"专题服饰文化的科普宣传。

　　本书通过 3D 虚拟设计技术全面展示了排瑶服饰艺术，具体特色如下：

　　（1）研究目标清晰明确。对粤北八排瑶族服饰进行全面的梳理与系统化研究，首次对排瑶的男女、儿童服饰进行 3D 虚拟复原设计，填补国内瑶族分支排瑶服饰数字化研究的一项空白。

（2）研究内容深入细化。本书除了对排瑶服饰的外观、形态、刺绣纹样进行 3D 虚拟展示外，还对排瑶服饰的结构进行测量与研究，对重点工艺进行深入分析，并用图解的方式表达。

（3）研究途径技术前沿。充分利用现代数字手段、CAD 技术、多媒体信息网络技术，将排瑶服饰进行数字化整理，是对粤北瑶族服饰文化遗产合理有效的抢救与保护，也是对粤北瑶族服饰现代化设计应用的开发与推广。

最后，特别感谢广东瑶族博物馆为本书提供的照片和相关数据，感谢瑶族自治县民族高级中学龙雪梅老师对本书文稿的审核，感谢瑶族刺绣"非遗"项目传承人邓菊花老师、房春花绣娘对本书提出的修改意见，也特别感谢为本书提供文创作品的老师及同学！

本书内容涉及不同行政区域的排瑶服饰，内容专业而细化，纰漏之处在所难免，敬请读者批评指正。

江汝南　　董金华

2021 年 5 月

目录

第一章　瑶族概述

第一节　瑶族起源与迁徙

一、瑶族起源

瑶族，主要起源于黄河流域，与古代九黎、三苗有着深厚渊源。在历史发展长河中，瑶族与其他民族不断交流融合，形成瑶族的两部分来源：一部分是汉族人民与瑶族人民长期相处共融，自然同化形成瑶族；另一部分是壮侗语族人与瑶族人共居同一地域，他们认同瑶族文化，融入瑶族共同体。

瑶族历史悠久，先秦文献《山海经·大荒东经》中就有关于瑶族先祖"瑶民"的记载；东汉应劭所著的《风俗通义》中最早记载了有关瑶族盘瓠的故事，其中瑶家先族"号曰蛮夷"。南北朝时期，出现了"莫瑶"的族名称谓，《梁书·张缵传》所载即为"莫瑶蛮"；隋、唐时期也称"莫瑶"，诗人杜甫《岁宴行》中的"岁云暮矣多北风，潇湘洞庭白雪中。渔父天寒网罟冻，莫徭射雁鸣桑弓"就描述了洞庭湖边的瑶民生活。宋代时期称"山瑶"，范志明《岳阳风土记》"语言侏离，衣耕畬为业，非市盐茶卜入城。市邑亦无贡赋，盖山瑶人也"和宋子严《岳阳甲志》"龙窖山在巴陵北，山实峻极，上有雷洞，有石门之洞，山瑶居之，自耕而食，自织而衣"中皆称"山瑶"。至元朝时期出现了带有侮辱性色彩的贬义称谓"猺""山猺"（一种像猫大小、四肢较短的野兽，也称"果子狸""花面狸"），明、清仍然以"猺""山猺"相称，一直沿用到民国时期。中华人民共和国成立后，主张民族平等，改用"瑶"字，称为"瑶族"。

二、瑶族迁徙

据《瑶族通史》记载，瑶族源自黄河流域的九黎、三苗部落，更细致的说法是起源于九黎部落中的蚩尤，后南迁形成三苗，在现在的河南、山东、河北三省交界处附近。再至秦汉开始南迁，进入长江流域中下游。据瑶族传说记载，瑶民先祖盘瓠因立有战功，在稽山十宝殿封王，即现在的浙江省绍兴市会稽山（古称稽山），瑶民迁徙进入长江流域。后因躲避战乱，瑶民继续向南、西南山区方向拓荒定居。隋唐时期，瑶民主要生息繁衍在湖南、广东、广西三省交界区，广东粤北是瑶族较早的聚居地。宋元时期，瑶族不断向"两广"腹地深入，形成了"南岭无山不有瑶"的格局；进入明末清初，部分瑶民自广东、广西迁入贵州及云南南部山区，形成南方六省（地区）大分散小聚居的分布格局。部分瑶民自明末清初后（17世纪）始迁往越南、老挝、泰国，成为他国居民。20世纪70年代，东南亚地区瑶民因印度战争不断避迁美国、法国、加拿大等欧美国家。

第二节　瑶族人口分布与四大支系

一、瑶族人口分布

　　全世界瑶族人口有 380 余万人，分布于中国、越南、老挝、泰国、缅甸、美国、法国、加拿大等国家（表 1-1）。其中，中国瑶族人口 279.6 万人，占瑶族总人口的 73.5%，主要分布在广东、广西、湖南、贵州、云南、江西的山区林海，少部分与汉族杂居在丘陵与河谷的边缘地带。广东省连南瑶族自治县内有瑶族（排瑶和过山瑶）人口 88278 人，占全县总人口的 52.6%（表 1-2）。

表 1-1　世界瑶族人口分布

国家	人口（万人）	分布省、州、城市	瑶族支系
中国	279.6	广东、广西、湖南、贵州、云南、江西	盘瑶、布努瑶、茶山瑶、平地瑶四大主流支系三十多分支系瑶族
越南	88	河江、高平、宣关、老街、山萝、太原、安沛、广宁、北江、莱州、谅山、清华、得乐	红瑶、窄裤瑶、钱瑶、（黑）青衣瑶、白裤瑶、选瑶、卢岗瑶、红头瑶、后瑶、大板瑶、包头瑶
泰国	6.5	北部和东北部的清迈府、清莱府、帕天	盘瑶
老挝	3.8	琅南省、琅勃拉省、河耶武里省、华潘省、丰沙里省、万象省、万象市	蓝靛瑶、红瑶、蛮瑶、黑瑶
缅甸	0.52	掸邦	红瑶、盘瑶
美国	6.2	奥克兰、美熹德、萨克拉门托、雷丁、俄勒冈州的波特兰、西雅图、阿拉斯加州、北卡罗来纳州、蒙大拿、阿肯色、德克萨斯、亚拉巴马、宾夕法尼亚、纽约	盘瑶、板瑶、蓝靛瑶
法国	0.36	图卢兹区、阿维农市、雷瓦市、波尔多市、佩皮尼昂市、蒙彼里埃市、巴黎	盘瑶
加拿大	0.05	多伦多市、温哥华市	盘瑶

（数据来源：广东瑶族博物馆）

表 1-2　中国瑶族人口分布

分布省	人口（万人）	分布省、城市、地区	瑶族支系
广东	20.3	连南、连山、连州、乳源、阳山、龙门、始兴、怀集	排瑶、过山瑶、平地瑶
广西	171	金秀、富川、恭城、都安、大化、巴马、龙胜、全州、灌阳、资源、平乐、荔浦、兴安、永福、临桂、融安、融水、贺州、钟山、昭平、宜州、南丹、东兰、天峨、凤山、马山、上林、上思、桂平、凌云、那坡、西林、田林、田东等	盘瑶、坳瑶、山子瑶、过山瑶、大板瑶、土瑶、东山瑶、花头瑶、背篓瑶、白裤瑶、布努瑶、花篮瑶、木柄瑶、番瑶、平地瑶、红瑶、茶山瑶

续表

分布省	人口（万人）	分布省、城市、地区	瑶族支系
湖南	70.5	永州、株洲、郴州、邵阳、怀化、衡阳、江华、江永、宁远、蓝山、新宁、桂东、隆回等	过山瑶、平地瑶、花瑶、顶板瑶、民瑶
贵州	4.4	荔波、黎平、从江、榕江、麻江等	青瑶、长衫瑶、白裤瑶、绕家瑶、油迈瑶
云南	19	河口、金平、屏边、勐腊、麻栗坡、广南、富宁	红头瑶、顶板瑶、蓝靛瑶、平头瑶、沙瑶、角瑶、白线瑶
江西	0.12	金南	过山瑶

（数据来源：广东瑶族博物馆）

二、瑶族四大支系

瑶族内部按照语言不同，逐渐形成四大主干支系和三十多个分支系，其中四大支系分别是瑶语支系（盘瑶）、苗语支系（布努瑶）、侗水语支系（茶山瑶）、汉语方言支系（平地瑶）。

（一）瑶语（盘瑶）支系

瑶语支系主要包括盘瑶、蓝靛瑶、排瑶、东山瑶等分支系。其支系中有较多的盘姓瑶民，信仰盘王，自称是盘王的子孙，图腾为盘王（龙犬纹）。主要分布于广西金秀、融水、贵州从江以及广东连南等地区。

（二）苗语（布努瑶）支系

苗语支系在长期的迁徙过程中不断地与其他民族交往接触，特别是与苗族文化在互动交融和传承过程中，瑶族传统因素发生了变异，尤其是在语言方面发生了较大变化，语言向苗语支系靠拢，史学界将其统称为"布努瑶"。

（三）侗水语（茶山瑶）支系

侗水语支系的族源，学术界存在多种观点，大多数观点认为其是百越民族的后裔，大约在明朝初年，分别从广东和湖南进入广西大瑶山居住。茶山瑶自称"拉咖"，意为住在山上的人，"茶山"是大瑶山北部一个历史上的地名，茶山瑶主要分布于广西金秀大瑶山地区。

（四）汉语方言（平地瑶）支系

汉语方言支系实际上也是盘瑶支系，明清两代，湖南地区的部分瑶族经过文化整合，形成新的支系——平地瑶，也就是以汉族方言交流的瑶族支系。

第三节　排瑶服饰

一、排瑶介绍

（一）八排二十四冲

排瑶，习惯称"八排瑶"，是对聚居于广东省连南瑶族自治县境内瑶族的专称，南岭粤北连绵的百里瑶山是排瑶唯一的栖息地。排瑶山民习惯聚族而居，依山建房，其房屋层层叠叠，排排相间，形成山寨，因此而得名"排瑶"。连南瑶寨经过千百年来世代繁衍生息，形成了"八排二十四冲"的结构。"排"是对超过一千人瑶寨的称谓，从排分出去的几百人的小村称为"冲"。

八排分别是指油岭排、南岗排（图1-1）、横坑排、军寮排、火烧排、大掌排、里八峒排、马箭排（图1-2）。其中油岭排、南岗排、横坑排原来为连州所属，在涡水河东边，故称"州属三排"或"东三排"；军寮排、火烧排、大掌排、里八峒排、马箭排原为连山壮族瑶族自治县所属，在涡水河西部，故统称作"县属五排"或"西五排"。

图1-1　南岗排千年瑶寨

图1-2　连南瑶族自治县八排分布

二十四冲包括州属三排的香炉山、大莺、新寨、锅盖山、上坪、望溪岭、马头冲；县属五排的天堂、大坪、度山猎豹、社下冲、新寨、八百粟、茅田、平安冲（龙水尾）、鱼赛、六对、上坪、问下坪、龙浮、水瓮尾、答龙会、鸡公背和牛路水。

中华人民共和国成立后，实行民族平等政策，瑶民的生命财产受到国家保护，排瑶瑶民陆续迁移山下居住，闻名于世的八大排瑶的山寨现今大多废置，保留较完善的是南岗千年瑶寨和油岭老寨。

（二）八排瑶介绍

1. 油岭排

油岭排瑶已有 1300 多年的历史，在鼎盛时期曾有 5000 多人。然而山寨命运多舛，历史上屡遭官兵围剿，两度被焚。现在油岭排瑶的土砖房大多是中华人民共和国成立前所建，点缀其中为数不多的红砖青瓦房是明清时期的建筑。

2. 南岗排

南岗排又称"行祥排"，始于宋代，是隋唐时期从湖南道州南迁岭南来到连南的瑶民，在山上逐渐聚居后，形成最早的一个村寨，距今已有约 1400 年历史。村寨占地 159 亩，瑶王姓邓，另外还有唐、盘、房三大姓氏。从元代起实行"瑶王制"和"习惯法"管理山寨、繁衍生息，到明末清初鼎盛时期已成为一个拥有 700 多栋民居、1000 多户人家、7000 多瑶民的"首领排"。

3. 横坑排

横坑排原为连州所属，位于涡水河东边，是"州属三排"之一。"横"为交错、横放的意思，在此引申为面对；"坑"为"小溪流"，意为面对着小溪流的村子。横坑排正南面有一条发源于老鸦山东麓的小溪流。"横坑排"是以村子的方位而得名。

4. 军寮排

"军"为裙、围裙的意思；"寮"是茅草小屋，引申为帽子。"军寮"是指帽子上的布像围裙。原来军寮妇女头饰与其他排不同，发髻上戴三角形高帽，上面再覆以红色布，看似用围裙做的帽子。"军寮排"是以女性独特的头饰而得名。

5. 火烧排

火烧排约有 1000 年的历史，其名字据说起源于一场战事。有一回，官兵偷偷来杀人放火，因房屋叠叠层层，排排相连，火一烧，整个瑶寨全都烧平了。待官兵们走后，瑶民流血不流泪，唱着悲愤的歌，又重新盖起了房屋，因此得名为"火烧排"。火烧排瑶民在 20 世纪 70 年代初开始下山居住，渐渐被汉化，改穿汉服、说汉语。

6. 大掌排

大掌排现属连南瑶族自治县大坪镇，鼎盛时期有 4000 多人，从 20 世纪 70 年代初开始，大掌排的瑶民渐渐分散到各个地方建房，现在只剩 100 多人。

7. 里八峒排

里八峒排属于连南瑶族自治县大坪镇。据相关资料记载，里八峒排原来有 1000 多人，在清朝初期是较为富有的一排，有较多的良田，与汉人村落田地相连，住唐、房、沈、邓、陈五姓人，瑶汉村民之间经常有往来。当地土豪想将瑶民的良田占为己有，经常无故挑起事端，并上告朝廷。朝廷派兵多次攻打里八峒排，瑶民顽强抵抗和反击，但终不敌清朝官兵灭绝人性的烧杀抢掠，里八峒排被攻破，成为一片废墟，由盛转衰。

8.马箭排

马箭排，瑶语为"缅斗"，"缅"为门，"斗"是"歪""扭曲"之意，"缅斗"意味着建房子时候把门弄歪了；另一种解释，"缅斗"是一位英雄女子的名字，然其生平事迹不详。"马箭排"是以趣事传闻起的村名。

二、排瑶服饰

排瑶服饰从地域上分：有东三排的油岭服饰（图1-3），南岗服饰（图1-4），横坑、大麦山服饰；西五排的军寮服饰，大坪、大掌服饰，香坪服饰，金坑服饰，七星洞、涡水六联、盘石服饰。排瑶男女服饰喜好黑色，常在黑色底布上配以反面刺绣进行装饰，排瑶刺绣以大红或深红绒线为主，再配以黄色、白色、绿色、蓝色、粉红色丝线作镶边，与黑色底布色彩形成强烈视觉对比，使服装色彩浓烈而艳丽，具有独特的民族印记。

图1-3　油岭男女盛装　　　　　图1-4　南岗男女盛装

排瑶服饰有男装、女装、童装、先生公服等。品类有上衣、中裤、长裤、绣花裙（围裙）、腰带、脚绑、三角巾、女绣花头帕、男绣花头巾、男披肩、绣花袋、儿童绣花帽、儿童绣花裤等十几种。

款式上排瑶妇女穿无领、无扣对襟或大襟上衣，腰间系白色腰带串有铜钱或珠子装饰，下身穿百褶裙和长及膝盖的阔腿裤，腿部裹绣花脚绑，头发束在头顶，用头巾盖住发髻，在发髻上插入白色鸡毛并装饰银牌、银鼓和银铃。排瑶男子常穿黑色衣裤，上衣同样为无领、无扣对襟或大襟衣裳，下穿长及膝盖或脚踝的阔腿裤，通常腰系红色（或白色）长布条腰带，头部缠绕红色长头巾，并插野鸡毛，喜欢斜挎白底或黑底绣花袋。油岭男子盛装披肩后背有银牌、银鼓、银铃装饰，下穿百褶绣花裙，小腿裹绣花脚绑。

绚丽多彩的排瑶服饰，充分表达了排瑶人民追求美、创造美、爱美的情感和对祖先的怀念之情。每年农历十月十六日，瑶族举行"盘王节·要歌堂"盛大民间民俗活动，为纪念祖先、欢庆丰收，瑶族人都会穿上自己亲手制作的绣花盛装参加活动。盛装一般每人只有一套，一生大多只在婚礼、参加民间盛大要歌堂活动和去世入殓时三种场合穿着。排瑶同胞非常重视穿戴刺绣盛装服饰，象征着无论是生在人间还是去世到天堂，其生活都是五彩缤纷、幸福美好的。因此，排瑶人民十分珍惜刺绣盛装，保管也十分细致。

三、排瑶刺绣

在纷繁厚重的瑶族文化中，排瑶刺绣独树一帜，具有其他瑶族刺绣所没有的特质，除纹样构图方式独特，打底布料、花纹、颜色有严格规定之外，刺绣时候，绣女们不需要绣架和花稿，直接凭经验和记忆绣制。更为精湛独特的工艺技法在于反面挑花正面看的"反面刺绣"技艺，完成后的绣品，从正面看纹样繁多，鲜艳夺目，精致细密，从反面看也是完整的图案，甚至可以达到正反两面都完美的视觉效果。"反面刺绣"技艺在 2009 年被列为广东省非物质文化遗产代表作。

图 1-5 绣花衣（小鸟纹与河流纹组合刺绣）

图 1-6 黑底绣花袋（龙尾纹、森林纹、叉形纹、河流纹、蛇纹等组合刺绣）

排瑶刺绣图案纹样轮廓多以几何形为主，有三角形、圆形、菱形、水纹形、波浪形等。绒丝线颜色有红色、黄色、蓝色、白色、绿色、紫色、棕黑色等。刺绣以黑色或白色棉布为衬底，绒丝线为料，心灵手巧的瑶族妇女通过叠加、去减等方法，变换出许多自然景象和动物形象，如日字纹、星星纹、山纹、河流图纹、鱼纹、牛角纹、龙角花纹、松树纹、马头纹、小鸟纹以及象征皇权的盘王印图案。

瑶民"好五色衣裳"，男女服装都用精美的刺绣装饰。尤其是在排瑶男女盛装的绣花衣领、襟边、绣花裙、脚绑、绣花袋、头巾上都绣有马头纹、龙角纹、森林纹、树木纹、小鸟纹等各类花纹，针迹细密，工艺考究，镶边精美，象征富丽美好的生活（图1-5～图1-7）。

图 1-7 盘石三角头巾（松树纹、叉形纹、花纹、眼珠子纹等组合刺绣）

　　绣花裙因地区不同而分为半围裙、筒围裙。半围裙一般长约 60cm，宽约 80cm，筒围裙长约 50cm，宽 115~130cm，前后包裹围成筒裙。绣花裙绣花费时较多，其花色图案复杂多样，多以河流纹、龙尾纹、蛇纹、龙角纹、变形花纹为主，常常画中有画，其设计之巧妙、色彩之绚丽令人叹为观止。绣花围裙也可作为婴儿的襁褓，能起到保暖、避邪等作用，被誉为"百宝裙"（图 1-8）。绣花脚绑是绑在腿上的绑腿布，多为黑色，通常绣有鸡冠纹或龙尾纹、原野纹等图案纹样（图 1-9）。

图 1-8　盘石绣花半围裙

图 1-9　龙尾纹脚绑

第二章 油岭服饰数字化保护

　　油岭是八大排之一，其服饰有平装和盛装两种。平装是日常穿着和生产劳作时穿着的服装，男女老少均以无领无扣上衣和阔腿裤常见。上衣领圈处拼接白布拖肩，门襟、袖口、腋下开衩处有蓝色拼布装饰。油岭妇女喜欢用扎有河流纹和麦穗纹的头帕包头，头冠呈高圆柱体状，系白色腰带。油岭男子则喜欢用红头巾缠头，系红色腰带。

　　油岭盛装，男女都系白色腰带（长约220cm，宽约40cm的白布条对折缠绕）坠上铜钱，妇女盛装以红色刺绣上衣搭配绣花裙为主，刺绣以马头纹为特色，配以日纹、月纹还有麦穗纹。男子盛装披肩则用盘王印刺绣图案拼接而成，并装饰有银牌、银鼓、银铃（图2-1）。

图 2-1

图 2-1　油岭服饰

1—油岭老年男子服饰　2—油岭老年女子服饰　3—油岭绣花裙纹样　4—油岭妇女盛装
5—油岭妇女平装（未婚女子）　6—油岭男子盛装　7—油岭女童服饰　8—油岭男童服饰
9—油岭男童盛装

第一节　油岭妇女服饰

一、油岭妇女平装

　　油岭妇女平装以过臀长上衣搭配过膝中裤为主，蓝黑色自染棉麻为主布，辅以白布托肩和蓝布贴边装饰。采集的样本是油岭未婚女子的着装，以头插白色鸡毛或羽毛为特征。其上衣前短后长，前片衣长约 86cm，后片衣长约 94cm。白色圆形托肩宽度在 7~9.5cm，整片裁剪不断开，采用拼接工艺将其贴在领圈周围，与蓝黑色衣身形成鲜明对比。左右衣身前片不对称设计，开襟，无纽扣，无系带，依靠腰带缠绕固定衣身。

　　平装上衣在袖口、袖内侧缝、腋下开衩处，均拼接宽约 2.5~3cm 蓝色布边装饰。裤子宽松无收腰，裤腿由 73cm×57cm 的矩形围合成桶状，裆底部加缝 10cm×10cm 的裆布，以增加活动量。腰部松紧带自然收褶（这是现代做法，传统做法是无松紧，用一条细长带在腰部位置绑住），裤子整体宽松，褶皱较多。衣服下摆、裤口边缘手工绣制两条白色米粒线迹纹饰，既能加固边缘又起到装饰作用。

（一）油岭妇女平装 3D 复原虚拟展示图

油岭妇女平装的数字化 3D 虚拟图是利用 3D 软件技术从服装呈现的外观形态、着装方式、色彩搭配、布料材质、纹样装饰等细节构建逼真的虚拟服装写实形态。3D 还原涉及软件技术、艺术审美、服装设计、服装技术、服装工艺等多方面的学科知识。通过电子显示屏幕可以实现虚拟服装的放大、缩小、360° 无死角旋转，适合于大众科普宣传、博物馆服饰数字虚拟展示、科研教学互动等"非遗"文化的推广与宣传活动（图 2-2）。

采集的样本

图 2-2　油岭妇女平装 3D 复原虚拟展示图

1—正视图　2—30°侧视图　3—右视图　4—背视图　5—透视图　6—左视图

（二）油岭妇女平装平面款式图

平面款式图是根据服装实物平铺展示绘制的造型图，是将服装整体分解成基本部件的设计过程，如领子、袖子、门襟等部件。同时要求各部件比例合适，造型表达准确，工艺特征具体，包括贴布宽度、缝合方式、单双明线等细节。

采集的样本平面款式图上装为长衣，蓝黑色调为主，有白色托肩和蓝色贴边，起到耐磨加固和美化装饰的双重作用。下装为过膝中裤，阔腿、加裆（图 2-3）。

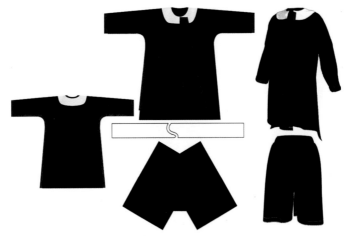

图 2-3　油岭妇女平装平面款式图

（三）油岭妇女平装 CAD 结构图

CAD 结构图是借助服装 CAD 软件，通过计算机分析计算并绘制出服装的基础线（如基准线、胸围线、腰围线、前胸宽线、后胸宽线、袖窿深线等横向和纵向的基础线条）、轮廓线（如领子、袖子轮廓线等构成服装外部轮廓造型的线条）和结构线（如领窝线、袖窿线、侧缝线、褶裥线等缝合线），完成样本结构制图的过程。

1. 样本结构制图规格（表 2-1）

表 2-1　样本结构制图规格

上衣尺寸（单位：cm）				裤子尺寸（单位：cm）	
右前片衣长	86	后片衣长	94	裤长	57
左前片衣长	47	前片下摆围	59	裤腰头宽	4.5~5
通袖长	130	后片下摆围	70	裤腿围	73
胸围	120	领圈白色贴边宽	7~9.5	裆部贴布	10×10
袖口围	36	蓝色贴边宽	3	白色腰带布	220×40

2. 样本结构制图要点

上衣结构制图要点（图 2-4）：

（1）"十字形"平面结构。以前、后片衣长 188cm 为长，通袖长 130cm 为宽做矩形，以长、宽的二等分线做十字辅助线，横向辅助线为肩部翻折线，纵向辅助线为衣身中心线。

（2）前片衣长短于后片衣长 8cm，左、右前片不对称，右前片覆盖左前片。

（3）前、后侧缝高开衩，衩高约 40cm，后中断开裁剪。

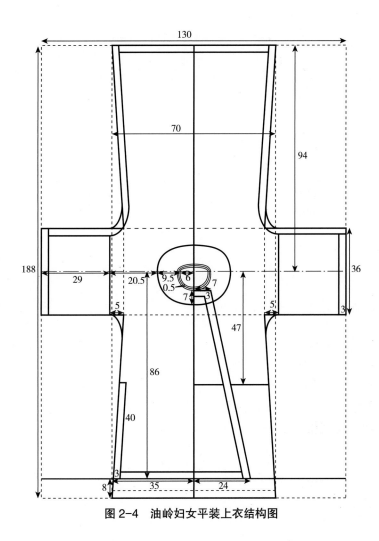

图 2-4 油岭妇女平装上衣结构图

（4）袖子与衣身断开裁剪，蓝色贴边宽约 3cm。

裤子结构制图要点（图 2-5）：油岭妇女平装裤子结构简单，左、右裤腿是两个矩形，

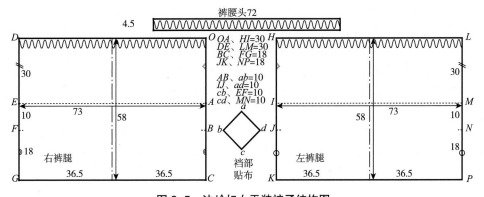

图 2-5 油岭妇女平装裤子结构图

裆部拼接一块正方形的布片，腰部松紧带自动收褶。

3. 样本裁片图

裁片图是根据结构设计图，利用 CAD 将服装分解成用于布料或者纸张的独立裁片，根据需要可以是裁片净样显示，也可以是裁片毛样显示（图 2-6、图 2-7）。

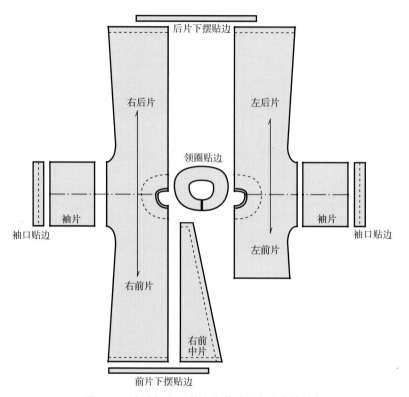

图 2-6　油岭妇女平装上衣裁片图（隐藏缝份）

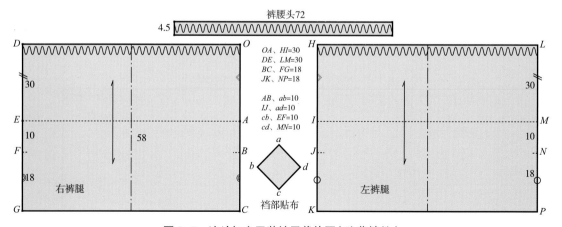

图 2-7　油岭妇女平装裤子裁片图（隐藏缝份）

4. 裤子缝制说明

（1）右裤腿前中的 *OA* 线与左裤腿前中的 *HI* 线缝合，右裤腿后中 *DE* 线与左裤腿后中 *LM* 线缝合。

（2）右裤腿内侧缝 *BC* 线与 *FG* 线缝合，左裤腿内侧缝线 *JK* 线与 *NP* 线缝合。

（3）右裤腿 *AB* 线与裆部贴布 *ab* 线缝合，左裤腿 *IJ* 线与裆部贴布 *ad* 线缝合。

（4）裆部贴布 *cb* 线与右裤腿 *EF* 线缝合，裆部贴布 *cd* 线与左裤腿 *MN* 线缝合。

二、油岭妇女盛装

盛装是妇女在结婚、参加"耍歌堂"等民族传统节日或去世时候穿着的服装，一般是女孩在结婚前自己亲手绣制或者母亲帮忙手工制作完成。盛装绣花衣前片、后片连裁，肩部不断开，后中断裁，衣袖和肩部用红色绒线进行大面积刺绣，与黑色衣身形成鲜明对比。胸部有马头纹，后背中间有树木纹、小草纹和桥梁纹装饰。绣花领直裁，根据个人喜好长度不一，绣花领最长达到80cm，短的介于50~60cm，腰部缠裹约220cm长的白棉布条系扎而成的腰带。下身绣花裙长度至膝盖，多为褶裥围裙，裙身大面积绣花，纹样繁多，主要有龙裙、马裙两种。门襟和袖口上有3cm蓝色贴布装饰。盛装不宜清洗，每次穿完后会将衣服反面翻过来，放置阴凉通风处阴干（图2-8）。

图2-8 油岭妇女盛装

（一）油岭妇女盛装（1）

1. 油岭妇女盛装（1）3D 复原虚拟展示图

油岭妇女盛装绣花上衣前短后长，下身着绣花裙或者绣花围裙，内塔平装阔腿裤。根据着装者个人喜好，盛装差别主要在于绣花领的长度，绣花裙（围裙）褶皱数量、以及绣花纹样的不同类型组合。盛装样本（1）绣花领长80cm，绣花裙以单马头纹，双马头纹和原野纹组合为主。

样本（1）采集于油岭"耍歌堂"活动已婚妇女盛装，绣花上衣搭配绣花马裙，包头头帕坠银牌银铃装饰，腿部裹绣花脚绑。油岭妇女盛装（1）3D复原虚拟图展示了绣花衣、绣花围裙、内搭阔腿中裤、白色腰带四个部分的着装形态。袖身和肩部用红色绒线在黑色底布上进行大面积刺绣，胸部位置三色单马头纹与围裙上的马头纹遥相呼应，白色腰带缠裹固定上衣与围裙（图2-9）。

采集的样本

图2-9　油岭妇女盛装（1）3D复原虚拟展示图
1—正视图　2—左视图　3—透视图　4—背视图　5—右视图　6—俯视图、透视图

2. 油岭妇女盛装（1）平面款式图

采集的样本绣花上衣前短后长，前片长至腰部，后片长至臀部以下，后背中部绣有树木纹、小草纹、桥梁纹为主的绣片。后片下摆处由单马头纹、小草纹、桥梁纹、树木纹、小鸟纹、牛角纹、姑娘纹、原野纹组合而成。下身着阔腿中裤，外搭绣花围裙，围裙纹样以单马头纹、双马头纹、姑娘纹、大花纹、原野纹组合，寓意骏马奔驰在大自然的原野之上（图2-10）。

3. 油岭妇女盛装（1）CAD结构图

（1）样本结构制图规格（表2-2）。

图 2-10 油岭妇女盛装（1）平面款式图

表 2-2 样本结构制图规格

绣花衣尺寸（单位：cm）					
后片衣长	85	前片衣长	59	袖长	25
通袖长	128	袖口围	32	绣花领长	80
前片下摆围	64	后片下摆围	66	绣花领宽	8.5
后背绣片长	32	后背绣片宽	15		

（2）样本结构制图要点（图 2-11）。

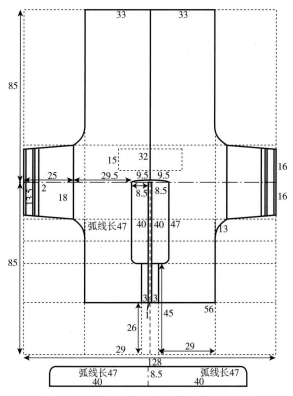

图 2-11 油岭妇女盛装（1）上衣结构图

①"十字形"平面结构。以前、后衣长 170cm 为长，通袖长 128cm 为宽，做矩形，以长、宽的二等分做十字辅助线，横向辅助线为肩部翻折线，纵向辅助线为衣身中心线。

②衣身前短后长，后片衣长比前片衣长多出 26cm。

③绣花领直裁，完成绣花后再与衣身缝合。

④肩部连裁，衣身后中断裁。

⑤袖子为一片袖，落肩，袖中线连裁。

（二）油岭妇女盛装（2）

1. 油岭妇女盛装（2）3D 复原虚拟展示图

样本（2）采集于连南瑶族博物馆馆藏展品，样本内穿油岭平装，下着裤子后套穿百褶绣花裙。此款绣花裙为龙裙，是由龙角纹、桥梁纹、树木纹、双花纹、牛角文、姑娘纹、原野纹组合而成。绣花领相比样本（1）在长度上有缩短，领长约为 60cm。腿部围裹绣花脚绑（图 2-12）。

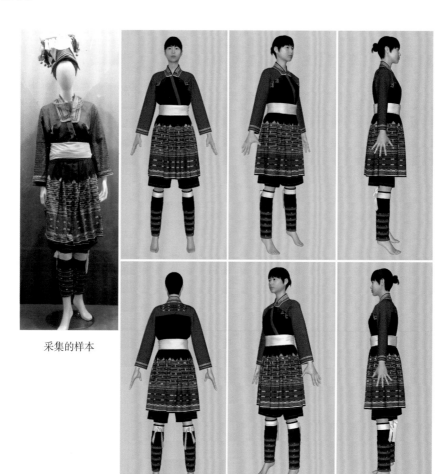

采集的样本

图 2-12　油岭妇女盛装（2）3D 复原虚拟展示图

18

2. 油岭妇女盛装（2）平面款式图

油岭妇女盛装（2）3D复原虚拟图展示了绣花衣、阔腿中裤、绣花裙、白色腰带和脚绑五个部分的着装形态。样本（2）绣花上衣与样本（1）基本一致，差别在于绣花领子的长度缩减了约20cm，阔腿中裤为油岭妇女平装裤，外套百褶绣花龙裙（图2-13）。

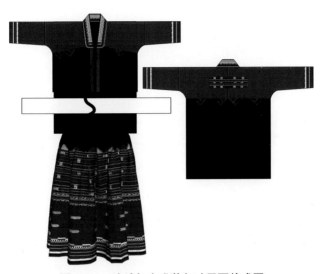

图2-13　油岭妇女盛装（2）平面款式图

3. 油岭妇女盛装（2）CAD结构图

（1）样本结构制图规格（表2-3）。

表2-3　样本结构制图规格

绣花衣尺寸（单位：cm）					
后片衣长	85	前片衣长	59	袖长	25
通袖长	128	袖口围	32	绣花领长	60
前片下摆围	64	后片下摆围	66	绣花领宽	8.5
绣花裙尺寸（单位：cm）					
裙长		55	裙下摆围	120	

（2）样本结构制图要点。

①上衣结构制图方法与油岭妇女盛装（1）相同（图2-14）。

②阔腿中裤是平装裤结构（图2-5）。

③百褶绣花筒裙长55cm，裙下摆围120cm，在腰部捏褶（图2-15）。

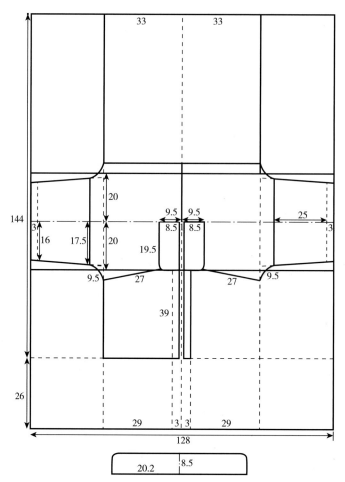

图2-14 油岭妇女盛装（2）上衣结构图

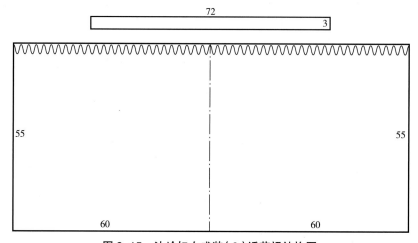

图2-15 油岭妇女盛装（2）绣花裙结构图

（三）油岭妇女盛装绣片数字化图解

1.油岭妇女盛装绣花裙（马裙）局部纹样（表2-4）

表2-4 油岭妇女盛装绣花裙（马裙）图形基元

名称	基元图示	油岭妇女盛装绣片形纹组合
马头纹		
双马头		
姑娘纹		
大花纹		
原野纹	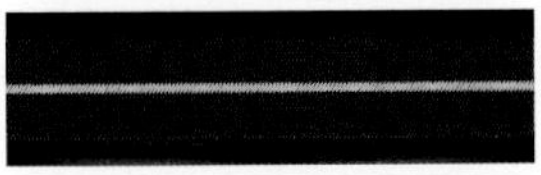	
马裙纹样以单马头纹、双马头纹、原野纹、姑娘纹、大花纹组合而成，寓意骏马奔驰在大自然的原野之上		

2.油岭妇女盛装后背绣片局部纹样（表2-5）

表2-5 油岭妇女盛装后背绣片图形基元

名称	基元图示	后背绣片形纹组合
树木纹		
小草纹		
桥梁纹	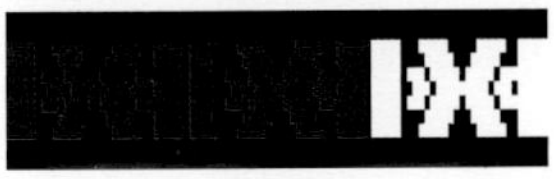	
后背绣片尺寸约15cm×32cm，由树木纹、小草纹、桥梁纹组合而成		

3. 油岭妇女盛装绣花裙（龙裙）局部纹样（表2-6）

表2-6　油岭妇女盛装绣花裙（龙裙）局部纹样

名称	基元图示	油岭妇女盛装绣片形纹组合
龙角纹		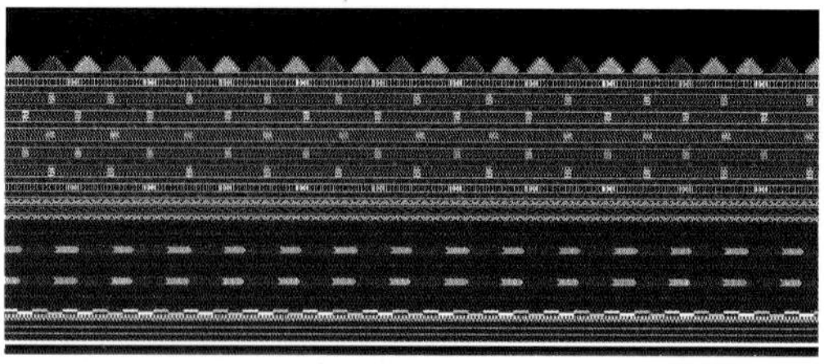
桥梁纹		
树木纹		
双花纹		
牛角纹	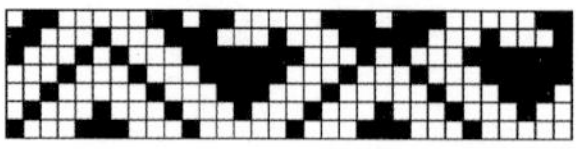	
姑娘纹		
原野纹		
龙裙由马头纹、桥梁纹、树木纹、双花纹、牛角纹、姑娘纹、原野纹组合而成		

4. 油岭妇女盛装上衣后片下摆绣片纹样（表2-7）

表2-7　油岭妇女盛装上衣后片下摆绣片纹样

名称	基元图示	名称	基元图示
马头纹		树木纹	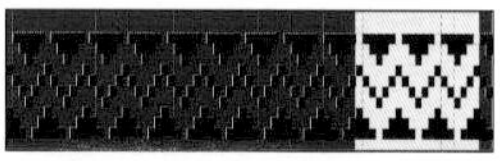
小草纹		小鸟纹	
桥梁纹	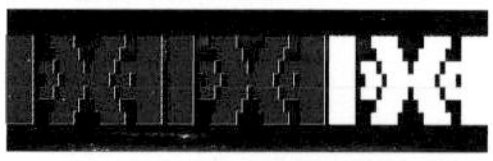	姑娘纹	
油岭妇女盛装绣片形纹组合			
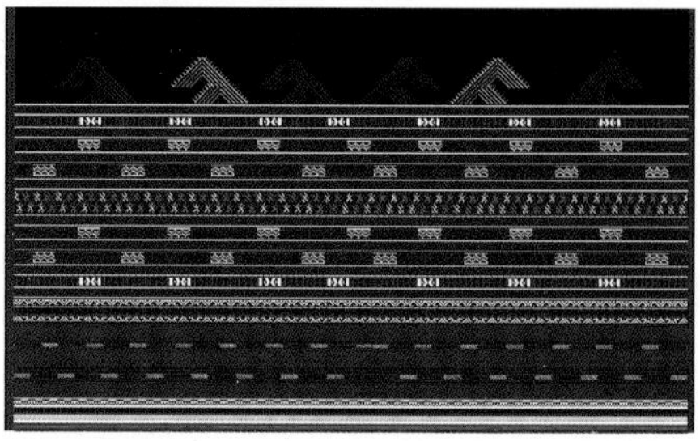			

第二节　油岭男子服饰

一、油岭男子平装

　　油岭男子平装款式简洁，用红头巾缠于头部，成年男子红腰带缠身，未成年男子白腰带缠身，均穿无领无扣开襟衫，上衣与南岗服饰相同，右襟压左襟。油岭男子平装白布托肩，用蓝布作衣襟边和衣袖口边装饰，同时这种蓝布镶边可以保护襟边和袖口边的磨损。男子下装穿长至膝盖的中裤，具有裤脚短、裤裆大、脚口宽的结构特点（图2-16）。清朝李来章的诗歌《宿军寮》载"老者多卉服，头颅缠红绡。少者白羽髻，耳环映垂髫"写的就是油岭排瑶服饰特点。

图2-16　油岭男子平装

（一）油岭男子平装 3D 复原虚拟展示图

油岭男子平装 3D 复原虚拟图是根据采集的样本运用 Marvelous Designer 软件制作完成。首先将整套服饰拆解为上衣、下裤、红腰带、头饰四个主要单元，然后按照由里往外的着装顺序分别完成下裤、上衣、腰带和头饰的制作，按照由里往外的着装顺序可以大幅降低里层和外层衣片穿插的模拟运算时间。3D 复原虚拟展示图的制作流程是：首先在 2D 窗口中绘制裤子的 2D 裁片，在 3D 窗口中进行 3D 虚拟缝合；然后是上衣前片、后片、袖片、领圈等 2D 裁片的设计与虚拟缝合；最后是红色腰带和红色头巾的裁片设计与虚拟缝合（图 2-17）。

采集的样本

图 2-17　油岭男子平装 3D 复原虚拟展示图

（二）油岭男子平装平面款式图

样本采集于油岭排牛角王老者的服饰。油岭男子服饰与女子服饰类似，都有白色拖肩，蓝色土布装饰于门襟、腋下、袖口部分，主要差异在于上衣的长度与门襟的造型，女子服装衣长盖过臀围线以下，男子服装衣长至臀围线以上；男子"直线形"门襟小于女子"斜线形"门襟的尺寸规格，男子系红色腰带，女子系白色腰带固定上衣（图2-18）。

图 2-18　油岭男子平装平面展示图

（三）油岭男子平装 CAD 结构图

1. 样本结构制图规格（表2-8）

表 2-8　样本结构制图规格

上衣尺寸（单位：cm）					
前片衣长	75	后片衣长	75	胸围	140
前胸挡片长	45	前胸挡片宽	10	袖长	38
袖口围	42	袖肥	46	领圈白色贴边宽	7~9.5
裤子尺寸（单位：cm）					
裤长	60	裤腿围	80	腰头宽	4~5
腰头长	72~76	底裆布宽	40	底裆布长	14
蓝色贴边宽	3	腰带布长	230	腰带布宽	18×3

2. 样本结构制图要点（图2-19、图2-20）

（1）上衣为"十字形"平面结构，以前、后衣长150cm为长，通袖长的一半73cm为宽，绘制两个矩形，长的二等分做辅助线为肩部翻折线。

（2）圆领，前、后领深9~10cm，横开领宽7.5cm。

（3）矩形门襟尺寸约10cm×45cm。

（4）直筒中裤的裤腿尺寸规格约为60cm×80cm矩形，裆部贴片尺寸约为14cm×40cm的矩形。

25

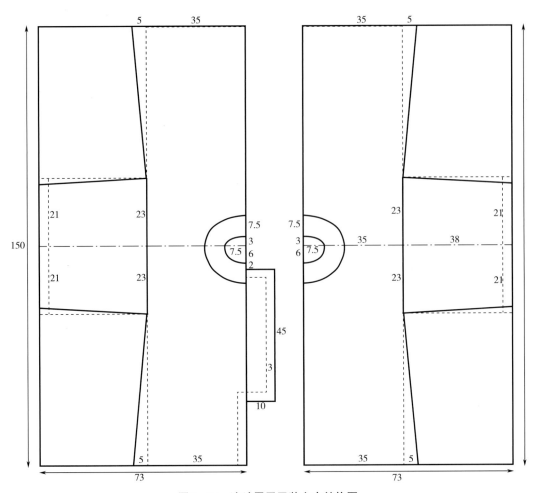

图 2-19　油岭男子平装上衣结构图

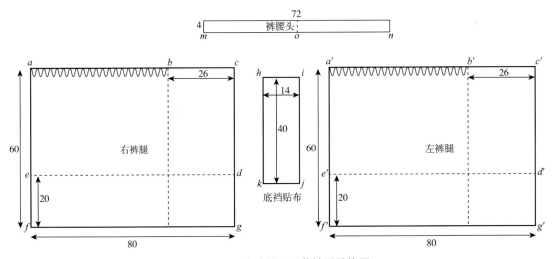

图 2-20　油岭男子平装裤子结构图

3.样本裁片图（图2-21、图2-22）

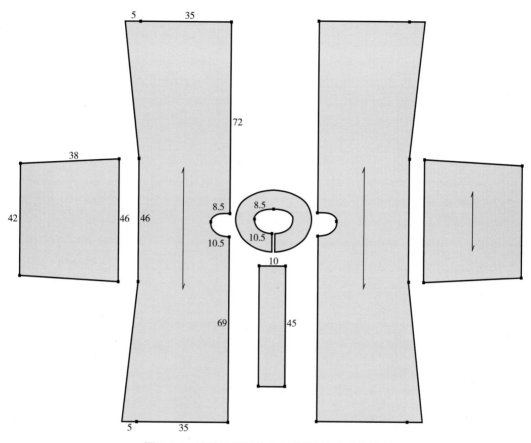

图 2-21　油岭男子平装上衣裁片图（隐藏缝份）

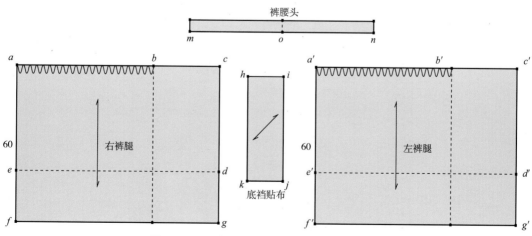

图 2-22　油岭男子平装裤子裁片图（隐藏缝份）

4. 合裆裤缝制说明

合裆裤的左、右裤腿和底裆布造型均是矩形结构，腰部松紧带自动收褶。油岭男子平装合裆裤缝合技术说明如下：

（1）右裤腿的 *cd* 线与底裆布的 *hk* 线缝合，左裤腿的 *c'd'* 线与底裆布的 *ji* 线缝合。

（2）*bc*+*hi* 线与左裤腿的 *a'e'* 线缝合；*b'c'* +*jk* 线与右裤腿的 *ae* 线缝合。

（3）右裤腿内侧缝 *ef* 线与 *dg* 线缝合，左裤腿内侧缝 *e'f'* 线与 *d'g'* 线缝合。

（4）*ab* 腰线与腰头 *mo* 线缝合（松紧带缩缝），*a'b'* 腰线与腰头 *on* 线缝合。

二、油岭男子盛装

油岭男子盛装最大的特点是下身穿着斑驳绚丽的绣花裙，裙身纹样以山纹、眼珠子纹为主，再配以黄白相间的蛇纹。盛装腰带分为两种，一种是以龙尾纹、眼珠子纹为主，配以缤纷色彩间条的红腰带；另一种是白色带线穗腰带。男子盛装披肩用两块带有盘王印刺绣图案的绣片拼接而成。小腿处的脚绑布为黑底，再绣上龙尾纹、鸡冠纹。约五尺长的红头巾在头部缠绕，上衣和裤子的结构与平装相同，只是在装饰方面较平装更为绚丽，整个服饰光彩夺目，十分耀眼（图 2-23）。

图 2-23　油岭男子盛装

1—油岭男子盛装（1）系红色腰带　2—油岭男子盛装（2）系白色腰带　3—男子盛装头饰
4—男子盛装绣花裙　5—男子盛装后背银饰

（一）油岭男子盛装 3D 复原虚拟展示图

油岭男子盛装 3D 复原虚拟图是根据采集的两个样本综合造型效果设计制作完成。整套盛装包括有上衣、裤子、绣花裙、绑腿、腰带、披肩、红头巾等部分。绣花裙、披肩、腰带和脚绑上的装饰纹样是利用 Illustrator 软件设计绘画之后，导入 Marvelous Designer 软件中，作为织物进行贴图处理。根据 3D 展示效果需求不断调整织物的颜色、大小、高光等基本属性以及织物纱线强度、弯曲度、密度、变形率等物理属性，使得 3D 虚拟图与实际服装外观效果相似度达到最高（图 2-24）。

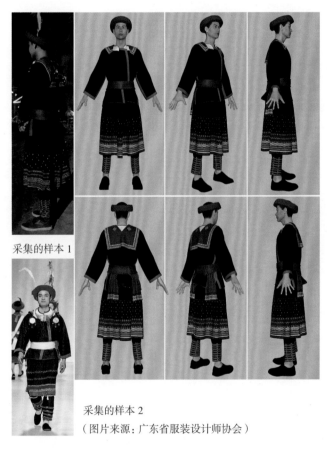

采集的样本 1

采集的样本 2

（图片来源：广东省服装设计师协会）

图 2-24　油岭男子盛装 3D 复原虚拟展示图

（二）油岭男子盛装平面款式图

油岭男子盛装平面款式图是利用 Illustrator 软件在平装平面款式图基础上增加了披肩、绣花裙以及装饰纹样的绘画（图 2-25）。在 CAD 结构设计方面，男子盛装上衣、裤子结构与平装上衣、裤子结构一致。绣花裙尺寸规格：裙长 65~70cm，盖住里面的直筒中裤，裙下摆约 120cm，裙腰自然收褶。绑腿布将裤脚口收进去后再缠绕小腿，并用白色带子在上端系好固定。

图 2-25　油岭男子盛装平面展示图

（三）油岭男子盛装绣片数字化图解

1.油岭男子盛装绣片图形基元（表2-9）

表 2-9　油岭男子盛装绣片图形基元

名称	基元图示	名称	基元图示
变化眼珠子纹		山纹中间夹着黄白相间的蛇纹	
原野纹		龙尾纹	
鸡冠纹		眼珠子纹	

2.油岭男子盛装绣片形纹组合与应用（表2-10）

表 2-10　油岭男子盛装绣片形纹组合与应用

名称	平面图示	应用效果
绑腿绣片形纹组合		

名称	平面图示	应用效果
绣花裙绣片形纹组合	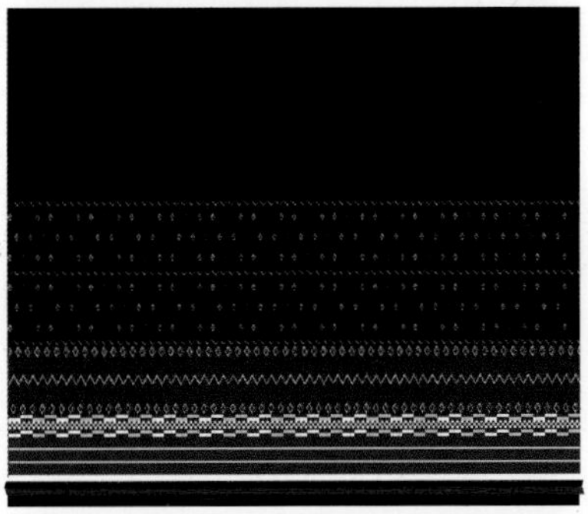	
腰带绣片形纹组合	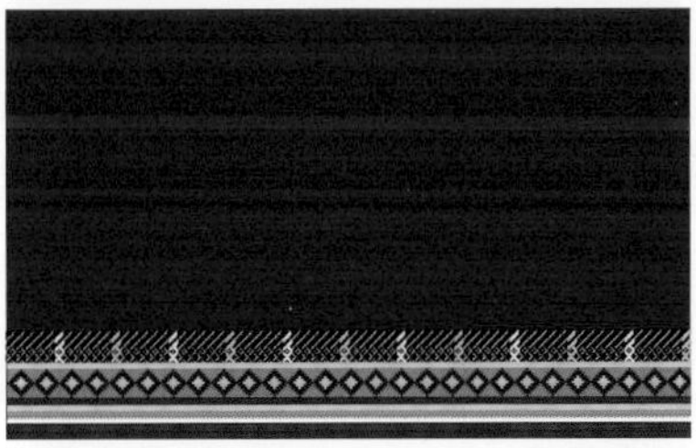	

第三节　油岭儿童服饰

一、油岭男童服饰

　　油岭男童服饰一般以裤子、上衣和绣花帽为主。上下装的服饰结构与油岭男、女平装相似，都比较朴素，腰间围裹红腰带，肩部为半圆式白色拖肩，衣襟边饰为蓝靛布边，裤脚边绣有五彩斑斓的花纹，以龙角纹和大花纹为主。小孩出生后无论男女，均戴绣工精美的花帽，镶嵌几枚方孔铜钱、小铃铛等，帽子以双小鸟纹、变形花纹、眼珠子纹以及蛇纹为主。男童盛装与成年男子服饰相似，只是在装饰绣花纹样上略有简化（图2-26）。

（一）油岭男童服饰3D复原虚拟展示图

　　油岭男童3D复原虚拟图是参照采集的样本进行绘画设计，完成了正视图、背视图、侧视图、俯视图、仰视图等多个角度自由展示的模拟效果，展示了上衣、阔腿中裤、红色腰带、绣花帽四个部分的着装形态。样本采集于连南瑶族博物馆馆藏服饰，阔腿裤有特色，左、右裤腿为一片式的扭裆结构（图2-27）。

图 2-26　油岭男童服饰

1—油岭男童平装　2—油岭男童盛装　3—油岭男童帽子　4—油岭男童盛装装饰

采集的样本 1

（图片来源：广东瑶族博物馆）

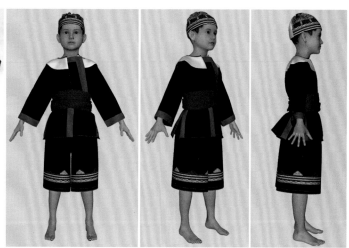

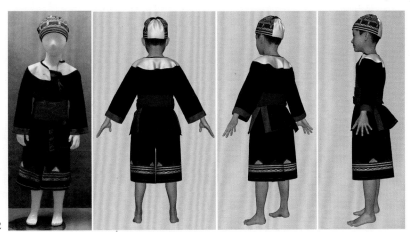

采集的样本 2

图 2-27　油岭男童服饰 3D 复原虚拟展示图

（二）油岭男童服饰平面款式图

油岭男童服装长袖上衣结构造型与男子平装上衣结构保持一致，右边门襟盖住左边门襟，腰部借用红色长腰带固定，下身穿扭裆裤，扭裆裤在结构上不需要裆部拼布处理，裤口边缘处通常绣上龙角纹和大花纹。帽子结构以矩形围拢，上端抽褶闭合。在重大节庆活动的时候，同样外穿绣花裙，绣花裙式样与成人男子绣花裙式样一致（图 2-28）。

图 2-28　油岭男童服饰平面款式图

（三）油岭男童服饰CAD结构图

1. 样本结构制图规格（表2-11）

表2-11　样本结构制图规格

上衣尺寸（单位：cm）					
前片衣长	41	后片衣长	41	胸围	66
袖长	18.5	袖口围	24	前胸挡片长	23
袖肥	28	领圈白色贴边宽	6~7	前胸挡片宽	7~8
裤子尺寸（单位：cm）					
裤长	33	裤口	45	裤腰头宽	3
腰带布长	110	腰带布宽	10×3	裤腰头长	36

2. 样本结构制图要点（图2-29、图2-30）

（1）"十字形"平面结构，以前、后衣长82cm为长，通袖长的一半39cm为宽，绘制矩形，长的二等分做辅助线为肩部翻折线。

（2）开圆领，前、后领深度6~7cm。

（3）矩形门襟尺寸约7cm×23cm。

（4）扭裆直筒中裤，裤腿围尺寸规格约为45cm。

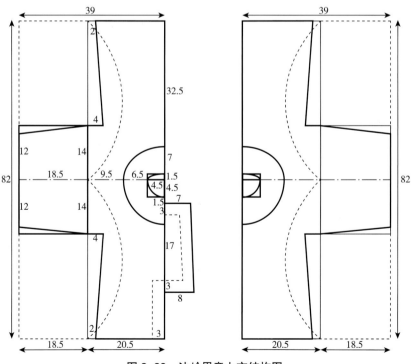

图2-29　油岭男童上衣结构图

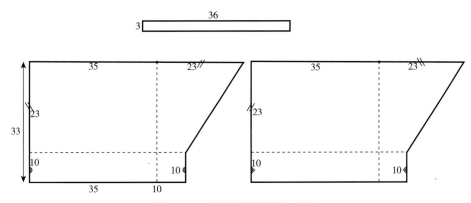

图 2-30 油岭男童扭裆裤结构图

3. 样本裁片图

油岭男童服装 CAD 裁片图如图 2-31、图 2-32 所示。

4. 扭裆裤缝制说明

（1）右边裤腿 ab 线与腰头 AO 线缝合，左边裤腿 $a'b'$ 线与腰头 OB 线缝合。

（2）右边裤腿 bc 线与左边裤腿 $a'g'$ 线缝合。

（3）右边裤腿 ag 线与左边裤腿 $b'c'$ 线缝合。

（4）右边裤腿 cd 线与左边裤腿 $d'c'$ 线缝合。

（5）右边裤腿 gf 线与 de 线缝合，左边裤腿 $g'f'$ 线与 $d'e'$ 线缝合。

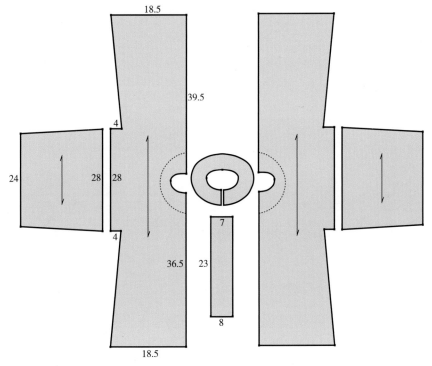

图 2-31 油岭男童上衣裁片图（隐藏缝份）

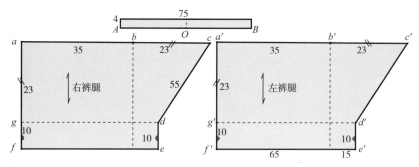

图 2-32　油岭男童裤子裁片图（隐藏缝份）

二、油岭女童服饰

油岭女童上衣为黑色斜门襟开衫，在白色托肩边缘、袖子与衣身接缝处、袖口边缘有花边或者刺绣纹样装饰。女童穿着裤子与绣花裙，绣花裙以马头纹为主，白色腰带缠裹，头插红花与白色羽毛（图 2-33）。

图 2-33　油岭女童服饰

（一）油岭女童服饰 3D 复原虚拟展示图

样本采集于连南瑶族博物馆馆藏服饰。油岭女童 3D 复原图展示了上衣、绣花裙、白色腰带三个部分的着装形态。油岭女童上衣与妇女平装形制一致，白色托肩、袖口及斜线门襟上均有蓝色贴边装饰，绣花裙纹样以马头纹的线性重复排列为主（图 2-34）。

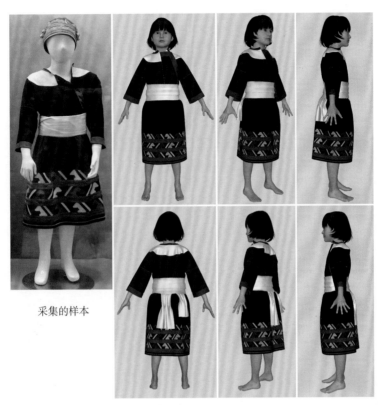

采集的样本

图 2-34　油岭女童服饰 3D 复原虚拟展示图

（二）油岭女童服饰平面展示图（图 2-35）

图 2-35　油岭女童服饰平面展示图

（三）油岭女童服饰 CAD 结构图

1. 样本结构制图规格（表2-12）

表2-12　样本结构制图规格

上衣尺寸（单位：cm）					
前片衣长	41	后片衣长	41	领圈白色贴边宽	6~7
胸围	66	前胸档片长	35	前胸档片宽	7~15
袖长	18.5	袖肥	28	袖口围	24
裤子尺寸（单位：cm）					
裙长	32	裙下摆围	78	裙腰头宽	3~4
腰带布长	110	腰带布宽	10×3	裙腰头长	42

2. 样本结构制图要点（图2-36、图2-37）

（1）"十字形"平面结构，以前、后衣长82cm为长，通袖长的一半39cm为宽，绘制矩形，长的二等分做辅助线为肩部翻折线。

（2）圆领，前、后领深6~7cm。

（3）门襟贴边上端尺寸约7cm，下端尺寸约15cm。

（4）绣花裙长约32cm，裙下摆围约70cm。

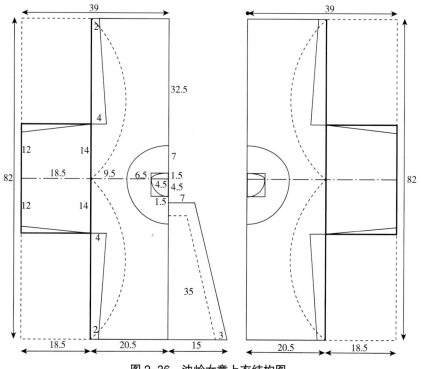

图 2-36　油岭女童上衣结构图

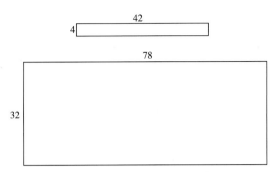

图 2-37　油岭女童绣花裙结构图

3. 样本裁片图（图 2-38、图 2-39）

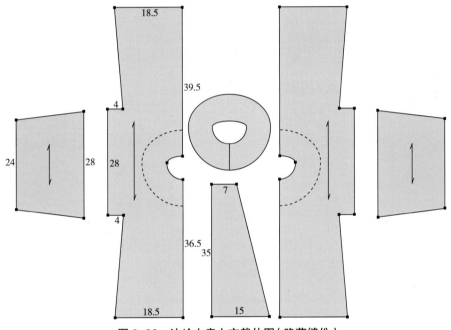

图 2-38　油岭女童上衣裁片图（隐藏缝份）

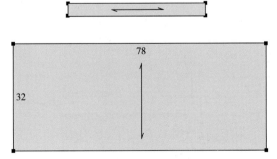

图 2-39　油岭女童绣花裙裁片图（隐藏缝份）

三、油岭儿童服饰绣片数字化图解

（一）油岭儿童服饰绣片图形基元（表2-13）

表2-13　油岭儿童服饰绣片图形基元

名称	基元图示	名称	基元图示
龙角纹		双花图案	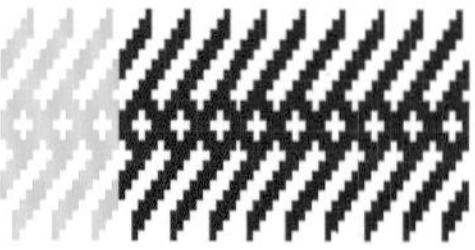
原野纹		眼珠子纹与森林纹、蛇纹的组合纹	
变形花纹		马头纹与鬃毛纹的组合纹	
桥梁纹		小草纹	
树木纹		大花纹	

（二）油岭儿童服饰绣片形纹组合与应用（表2-14）

表2-14　油岭儿童服饰绣片形纹组合与应用

名称	平面图示	应用效果
男童裤子绣片形纹组合		
帽子绣片形纹组合（1）	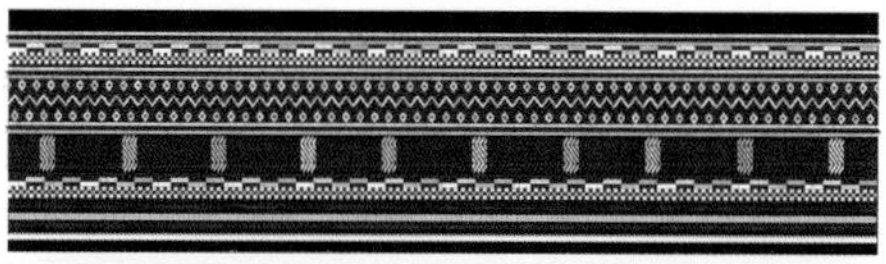	
帽子绣片形纹组合（2）		
女童绣花裙形纹组合	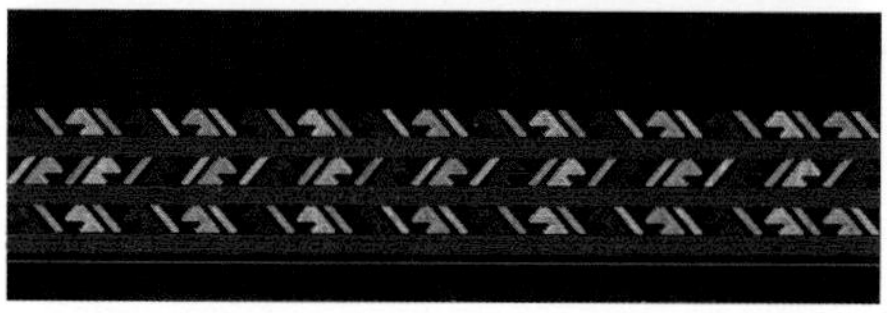	

第三章 南岗服饰数字化保护

南岗排男女服装上身为无领无扣开襟衣，在后背靠近衣领处镶有一块窄幅白色圆形垫肩，与油岭排白色圆形托肩比较，南岗排的白色圆形垫肩呈月牙形，且面积较小。男女喜好穿形如大水桶的短裤，腰部多余褶，长度在膝盖以上。男女盛装五彩斑斓，鲜艳精致的手工刺绣以马头纹、龙尾纹、眼珠子纹、森林纹、树木纹、变形花纹为主（图3-1）。

图 3-1　南岗服饰

1—南岗男子盛装（背面）2—南岗男子短裤　3—南岗妇女盛装（背面）4—南岗女童服饰
5—南岗男童服饰　6—南岗妇女盛装背面绣花纹样　7—南岗男子后领圆形垫肩

第一节 南岗妇女服饰

一、南岗妇女平装

南岗妇女平装是劳作时候的着装，无绣花装饰，简洁朴素，便于做农事且耐脏。南岗妇女平装在后领处镶有一块半月形的白色圆形垫肩，袖口边拼接蓝色布边，但是在胸前门襟处没有蓝色布边装饰，这是分辨南岗排与其他排瑶妇女服饰的一个主要特点。头饰上，南岗妇女喜欢用扎染的河流纹、麦穗纹头帕包头，头冠呈低圆柱形。

（一）南岗妇女平装（劳作时着装）3D复原虚拟展示图

样本采集于连南瑶族博物馆馆藏服饰。南岗妇女平装3D复原虚拟图展示了上衣、阔腿裤、白色腰带三个部分的着装形态。上衣较长，直达大腿中部，在袖口和侧缝处有蓝色贴边装饰，腰部位置有高开衩。裤腿宽松、有很多余褶，白色腰带缠裹，整体服饰感简单、朴素、无绣花装饰（图3-2）。

采集的样本

图3-2 南岗妇女平装（劳作时着装）3D复原虚拟展示图

（二）南岗妇女平装（休闲时着装）3D复原虚拟展示图

另一种南岗妇女平装是休闲时候的着装，在裤子外面套穿绣花裙或者绣花围裙，强化视觉的美感。绣花围裙以红色为主色，辅以黄色、绿色等绣花纹点缀。样本围裙的绣花纹样主要以龙角纹、扇子纹、桥梁纹、鸡冠纹、组合花纹、原野纹、龙尾纹、大花纹、森林纹、眼珠子纹、盘王印等绣制而成（图3-3）。

采集的样本

图3-3　南岗妇女平装（休闲时着装）3D复原虚拟展示图

（三）南岗妇女平装平面款式图（图3-4）

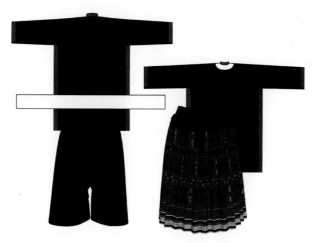

图3-4　南岗妇女平面款式图

（四）南岗妇女平装 CAD 结构图

1. 样本结构制图规格（表3-1）

表 3-1　样本结构制图规格

上衣尺寸（单位：cm）					
前片衣长	94	后片衣长	94	胸围	128
前片下摆围	31×2	后片下摆围	33×2	袖长	37
袖口围	36	蓝色立领	3×13	领圈白色贴边宽	4~4.5
裤子、裙子尺寸（单位：cm）					
裤长	57	裤腿围	73	腰头宽	3.5~4
腰带长	210~220	底裆布	10×10	腰头长	64~72
腰带宽	13×3	裙长	55~60	裙下摆围	120~140

2. 样本结构制图要点（图3-5 ~图3-7）

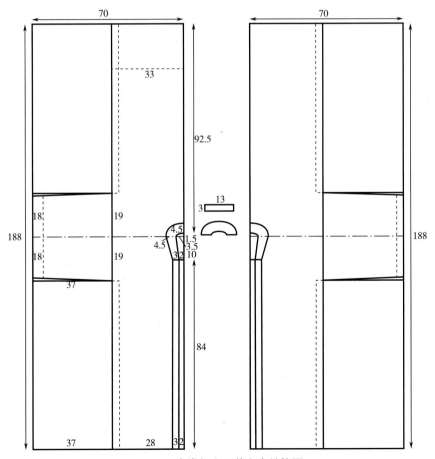

图 3-5　南岗妇女平装上衣结构图

（1）"十字形"平面结构，以前、后衣长 188cm 为长，通袖长的一半 70cm 为宽，绘制矩形，长的二等分做辅助线为肩部翻折线。

（2）开圆领，后领深度 1.5~3cm，半月形垫肩 4~4.5cm 宽。

（3）小立领与半月形垫肩连接。

3. 宽松短裤缝制说明

参照油岭妇女平装裤子的缝制说明。

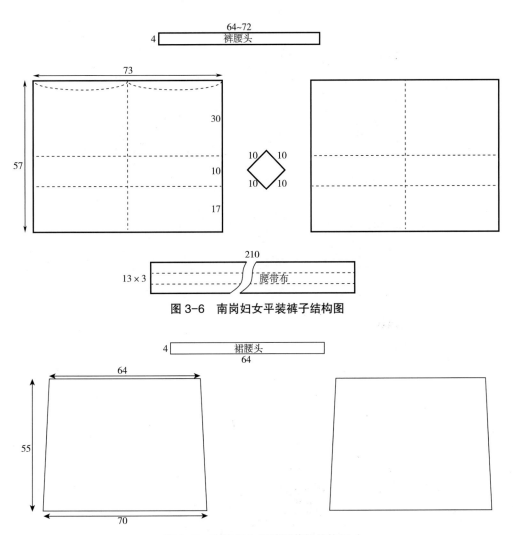

图 3-6　南岗妇女平装裤子结构图

图 3-7　南岗妇女平装绣花裙结构图

二、南岗妇女盛装

瑶族有很多节日活动，在参加这些活动的时候，南岗妇女都会穿上盛装，南岗妇女盛装有绣花上衣、绣花裙。绣花领为 55cm×5.5cm 长条绣片直接与衣身领围叠缝，领子纹样主要以龙角花纹、大花纹、麦穗纹为主。上衣主体采用红色绒线绣制,在肩部、后背中央、后片腰部至下摆处均有纹样绣花,主要有马头纹、树木纹、龙尾纹、蛇龙组合花纹等。

(一)南岗妇女盛装3D复原虚拟展示图

南岗妇女盛装3D复原虚拟图展示了绣花上衣、绣花百褶裙、白色腰带三个部分的着装形态。上衣采用红色棉线绣制,在肩部、后背中央、后片腰部至下摆处均有纹样绣花。百褶绣花裙以龙尾纹、扇子纹、龙角纹、眼珠子纹、森林纹、变形花纹为主(图3-8)。

采集的样本

图3-8 南岗妇女盛装3D复原虚拟展示图

(二)南岗妇女盛装平面款式图(图3-9)

图3-9 南岗妇女盛装平面款式图

（三）南岗妇女盛装CAD结构图

1.样本结构制图规格（表3-2）

表3-2 样本结构制图规格

上衣尺寸（单位：cm）					
前片衣长	58	后片衣长	90	胸围	132
左、右袖通长	135	袖口围	33	绣花领长	55
百褶裙尺寸（单位：cm）					
裙长	55~60		裙下摆围		120~130cm

2.样本结构制图要点（图3-10、图3-11）

（1）"十字形"平面结构，以前、后衣长148cm为长，通袖长135cm为宽，绘制矩形，以后衣长90cm，宽的二等分做十字辅助线，横向辅助线为肩部翻折线，纵向辅助线为衣身中心线。

（2）横开领4cm，绣花领长27.5cm。

（3）衣身前短后长，前片长58cm，后片长90cm。

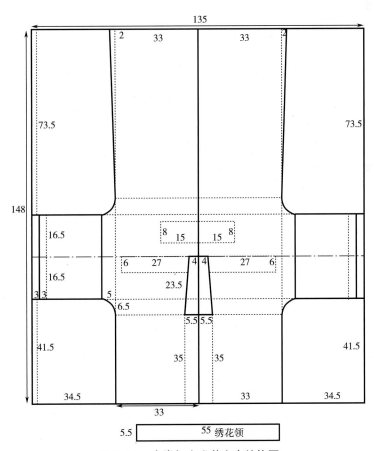

图3-10 南岗妇女盛装上衣结构图

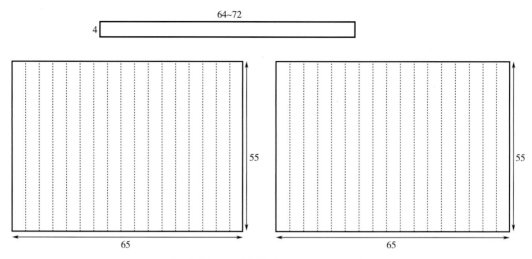

图 3-11　南岗妇女盛装百褶裙结构图

3.样本裁片图(图 3-12、图 3-13)

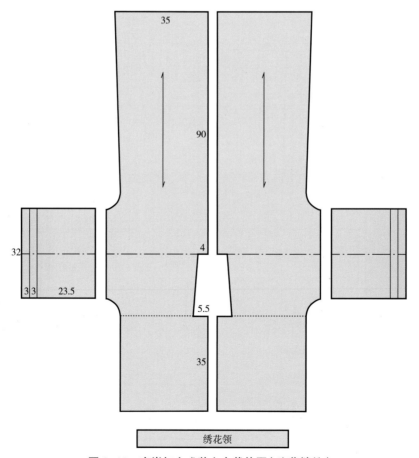

绣花领

图 3-12　南岗妇女盛装上衣裁片图(隐藏缝份)

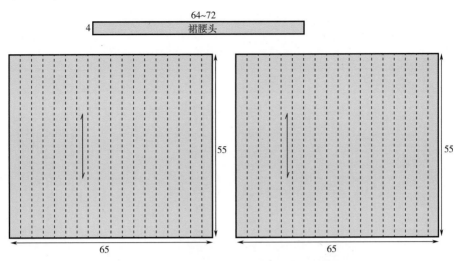

图 3-13　南岗妇女盛装百褶裙裁片图（隐藏缝份）

（四）南岗妇女盛装绣片数字化图解

1. 南岗妇女盛装绣片图形基元（表 3-3）

表 3-3　南岗妇女盛装绣片图形基元

纹样名称	基元图示	纹样名称	基元图示
龙角纹		龙尾纹	
变形小草纹		牛角纹	
半圆花纹		眼珠子纹与森林纹的组合纹	
变形花纹		马头纹	
龙尾纹		龙角纹、扇子纹的组合纹	

2.南岗妇女盛装绣片形纹组合与应用（表3-4）

表 3-4　南岗妇女盛装绣片形纹组合与应用

名称	平面图示	3D 应用效果
绣花裙 1		
绣花裙 2	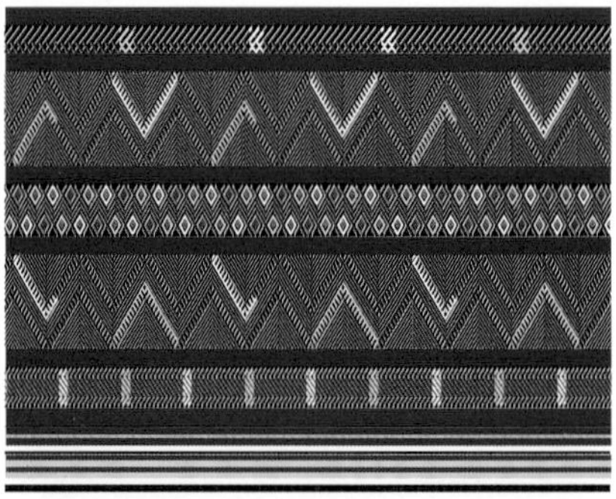	
上衣后片下摆处绣片形纹组合	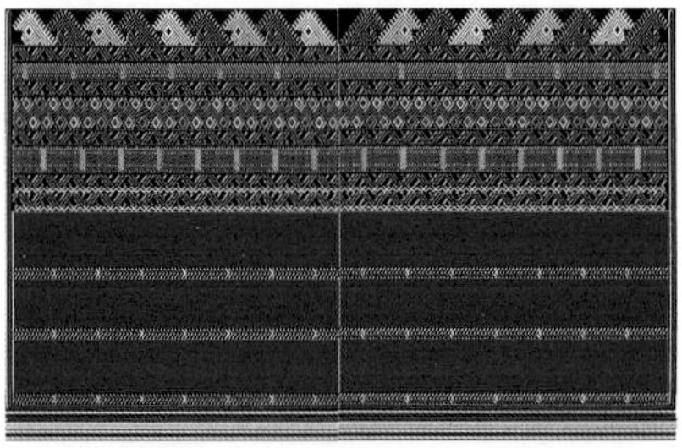	
后背绣片形纹组合	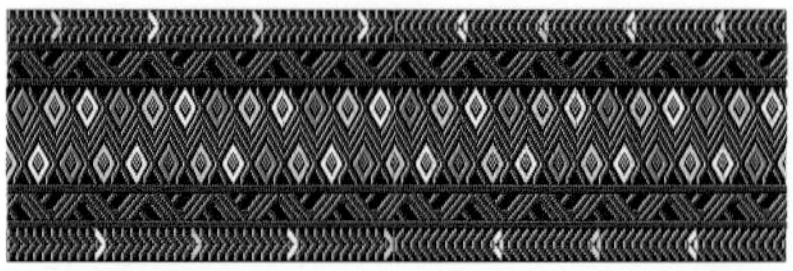	后背绣片 8cm×30cm
肩部绣片形纹组合		肩部绣片 6cm×27cm
领子绣片形纹组合		领子绣 5.5cm×55cm

50

第二节　南岗男子服饰

一、南岗男子平装

　　南岗男子平装上衣较短，后背肩领处有月牙形垫肩，在门襟、袖口及侧缝开衩处有蓝色布拼接，既起到装饰作用，又可保护边缘少受磨损。下装为短裤，裤裆大、裤脚宽，腰部扎红腰带。头扎约 3.3~4m 长的红头巾，呈大磨盘形，盘扎的大小圈数随着年龄的增长而增加。

（一）南岗男子平装 3D 复原虚拟展示图

　　样本采集于连南瑶族博物馆馆藏服饰，南岗男子平装 3D 复原虚拟图展示了上衣、阔腿裤、红色腰带、红色头巾四个部分的着装形态。衣服下摆有红白色相间的锁边，侧缝线、后中线低开衩并有蓝色布边装饰（图 3-14）。

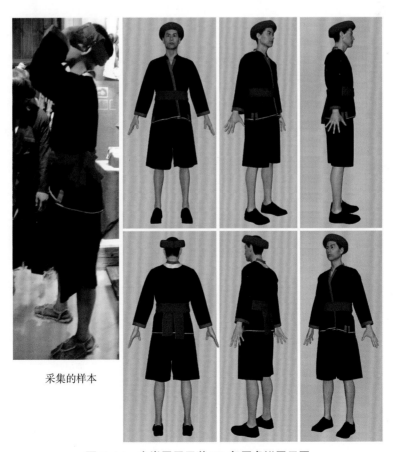

采集的样本

图 3-14　南岗男子平装 3D 复原虚拟展示图

（二）南岗男子平装平面款式图（图 3-15）

图 3-15　南岗男子平装平面款式图

（三）南岗男子平装 CAD 结构图

1. 样本结构制图规格（表 3-5）

表 3-5　样本结构制图规格

上衣尺寸（单位：cm）					
前片衣长	72.5	后片衣长	72.5	胸围	144
前片下摆	36×2	后片下摆	36×2	袖长	39
领圈白色贴边宽	5	蓝色立领高	3	袖口围	38
裤子尺寸（单位：cm）					
裤长	60	裤口围	77	腰头长	75
腰头宽	4	腰带布宽	13×3	腰带布长	230

2. 样本结构制图要点（图 3-16）

（1）"十字形"平面结构，以前、后衣长 145cm 为长，通袖长的一半 75cm 为宽，绘制矩形，长的二等分做辅助线为肩部翻折线。

（2）圆领，领宽 4cm，前、后领深约 16cm，领圈白色贴边宽 4~5cm。

（3）侧缝、后中开衩，靛蓝布贴边装饰。

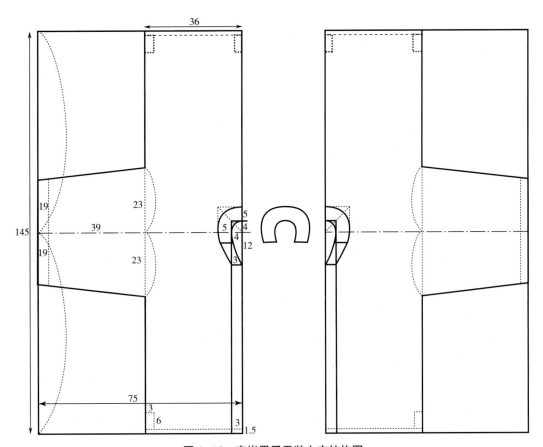

图 3-16　南岗男子平装上衣结构图

3. 裤子的缝制说明（图 3-17）

腰部抽褶缩缝，左边裤腿上的 *ab* 与右边裤腿上的 *a′ b′* 缝合，右边裤腿 *cd* 与左边裤腿 *c′ d′* 缝合，裆部底线 *eb* 与 *df* 缝合。

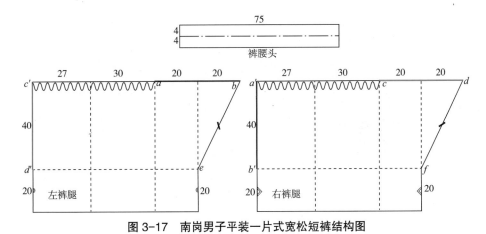

图 3-17　南岗男子平装一片式宽松短裤结构图

二、南岗男子盛装

南岗男子盛装是在平装基础上增加一条百褶绣花裙，裙子和裤子下摆处有绣花纹样，裙子颜色以红色、黄色为主，点缀绿色和白色，纹样有眼珠子纹、山纹。裤子有龙尾纹、半边豆花纹，每种花纹以二方连续的形式排列呈现。绣花裙与绣花裤配搭层次鲜明，绣花裙长度短于裤子长度，与平装不同的是腰部扎白色腰带。腿部有绣花绑腿围裹，纹样以黄白相间鸡冠纹为主。

（一）南岗男子盛装 3D 复原虚拟展示图

样本采集于连南瑶族博物馆馆藏服饰，南岗男子盛装 3D 复原虚拟图从前视图、右视图、后视图、左视图等多个角度展示了上衣、阔腿绣花裤、绣花短裙、腰带、红色头巾五个部分的着装形态。衣服下摆有红白色相间的锁边，侧缝线、后中线低开衩并有蓝色布边装饰（图 3-18）。

采集的样本 1

采集的样本 2

图 3-18　南岗男子盛装 3D 复原虚拟展示图

（二）南岗男子盛装平面款式图（图 3-19）

图 3-19 南岗男子盛装平面款式图

（三）南岗男子盛装 CAD 结构图

1. 样本制图规格

南岗男子盛装上衣、裤子结构数据与平装结构数据一致，绣花裙结构数据见表 3-6。

表 3-6 样本绣花裙制图规格

绣花裙尺寸（单位：cm）					
裙长	56	裙腰头长	80	裙下摆围	120~140

2. 样本结构图（图 3-20）

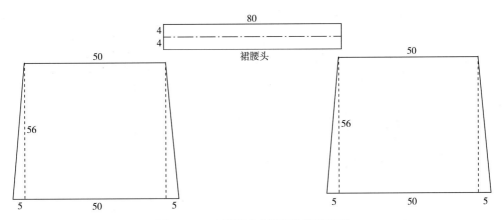

图 3-20 南岗男子盛装绣花裙结构图

（四）南岗男子盛装绣片数字化图解

1. 南岗男子盛装绣片图形基元（表3-7）

表3-7 南岗男子盛装绣片图形基元

纹样名称	基元图示	纹样名称	基元图示
龙尾纹		半边豆花纹	
组合花纹		眼珠子纹、山纹组合	

2. 南岗男子盛装绣片形纹组合与应用（表3-8）

表3-8 南岗男子盛装绣片形纹组合与应用

名称	平面图示	应用效果
裤子绣片矢量图	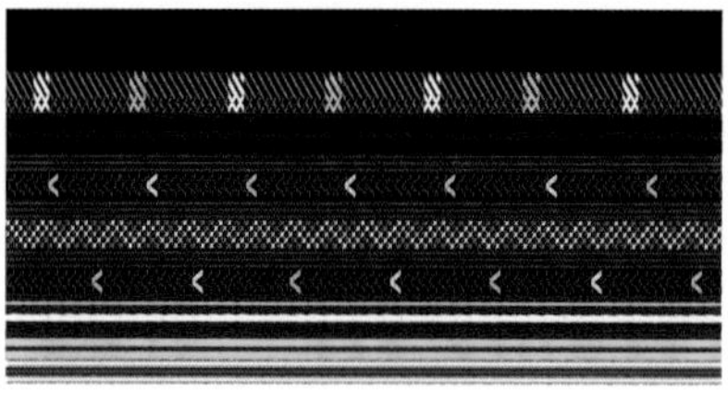	
裙子绣片矢量图	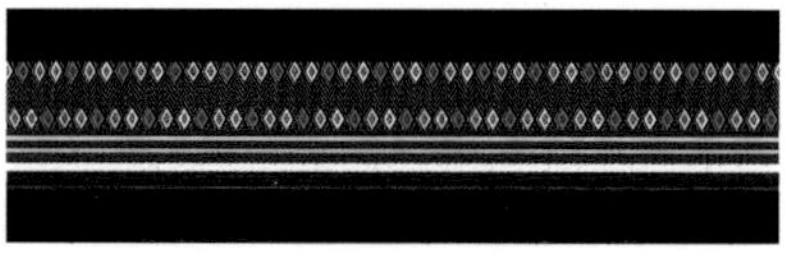	

第三节　南岗儿童服饰

　　南岗儿童服饰外形、结构与成人服饰基本保持一致，在袖口均有蓝色布拼接装饰，后领处同样镶有一块月牙形的白色圆形垫肩。女童上衣门襟无蓝色贴布装饰，下身穿及膝中筒裤，参加庆典活动时会在裤子外面套穿一条绣花裙或者系一条绣花围裙，腿部裹绣花脚绑，系白色腰带。男童上衣门襟有蓝色贴布装饰，阔腿及膝中筒裤，不裹脚绑，腰部系红色腰带，男童盛装会在裤口处增加绣花纹样。男女儿童都佩戴绣花童帽，童帽上吊有铜钱和银铃，象征平安吉祥（图3-21）。

图 3-21 南岗儿童服饰

一、南岗男童平装

（一）南岗男童平装 3D 复原虚拟展示图

样本采集于连南瑶族非物质文化遗产瑶绣传承人龙雪梅老师《瑶族刺绣》著作中的插图，南岗男童平装 3D 虚拟图展示了上衣、裤子、红色腰带三个部分的着装形态。上下服装面料为深蓝色自染布。南岗男童平装是成年男子平装的缩小版，衣服门襟、袖口均有蓝色贴布装饰，下摆有红、白色相间的锁边，在腋下侧缝线、后中线处有低开衩（图3-22）。

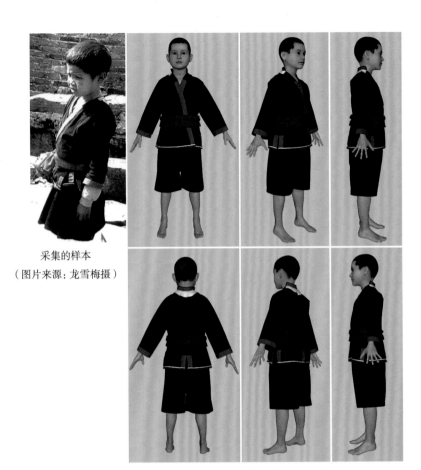

采集的样本
（图片来源：龙雪梅摄）

图 3-22　南岗男童平装 3D 复原虚拟展示图

（二）南岗男童平装平面款式图（图 3-23）

图 3-23　南岗男童平装平面款式图

（三）南岗男童平装 CAD 结构图

1. 样本结构制图规格（表 3-9）

表 3-9　样本结构制图规格

上衣尺寸（单位：cm）					
前片衣长	42	后片衣长	42	胸围	75
前片下摆	17.5×2	后片下摆	20.5×2	袖长	22
领圈白色贴边宽	4.5	蓝色立领高	3	袖口围	24
裤子尺寸（单位：cm）					
裤长	32	裤口围	42	腰头长	50
腰头宽	3	腰带布宽	21	腰带布长	130

2. 样本结构制图要点（图 3-24）

（1）"十字形"平面结构，以前、后衣长 84cm 为长，通袖长的一半 42.5cm 为宽，绘制两个矩形，长的二等分做辅助线为肩部翻折线。

（2）领宽 3.5cm，后领深约 2.5cm，领圈白色贴边宽 4~4.5cm。

（3）侧缝、后中开衩，靛蓝布装饰。

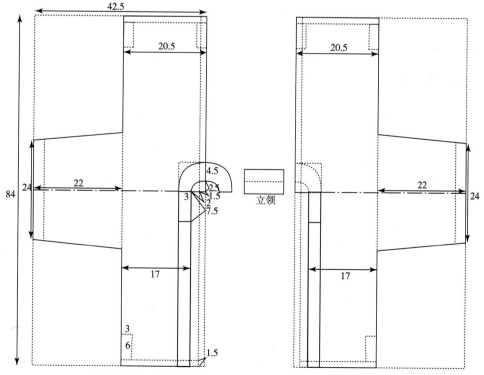

图 3-24　南岗男童平装上衣结构图

3. 裤子缝制说明（图 3-25）

（1）右边裤腿 *ab* 线与腰头 *AO* 线缝合，左边裤腿 *a' b'* 线与腰头 *OB* 线缝合。

（2）右边裤腿 *bc* 线与左边裤腿 *a' g'* 线缝合。

（3）右边裤腿 *ag* 线与左边裤腿 *b' c'* 线缝合。

（4）右边裤腿 *cd* 线与左边裤腿 *d' c'* 线缝合。

（5）右边裤腿 *gf* 线与 *de* 线缝合，左边裤腿 *g' f'* 线与 *d' e'* 线缝合。

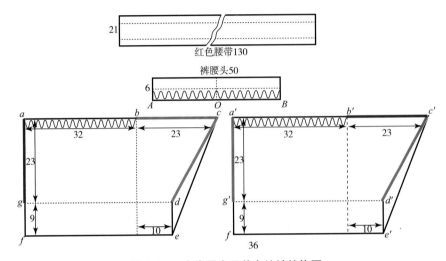

图 3-25　南岗男童平装合裆裤结构图

4. 样本裁片图（图 3-26、图 3-27）

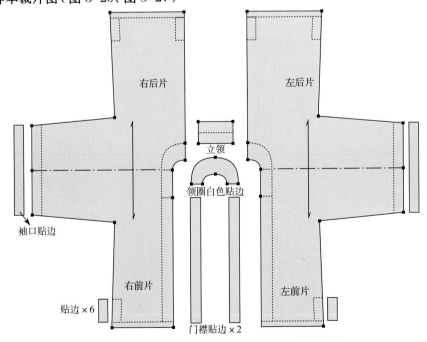

图 3-26　南岗男童平装上衣裁片图（隐藏缝份）

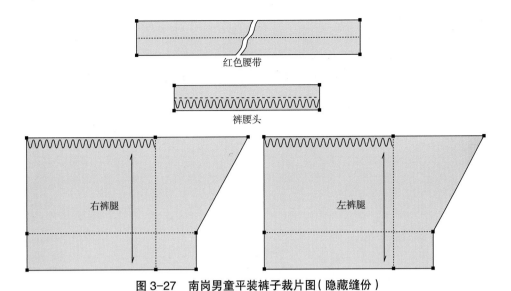

红色腰带

裤腰头

右裤腿 左裤腿

图 3-27　南岗男童平装裤子裁片图（隐藏缝份）

二、南岗男童盛装

（一）南岗男童盛装 3D 复原虚拟展示图

样本采集于连南瑶族博物馆馆藏服饰，南岗男童盛装 3D 虚拟图展示了上衣、绣花裤、绣花裙、绣花帽、红色腰带五个部分的着装形态。男童盛装与成人男子盛装在款式造型上基本一致，区别在于裙子和裤子的装饰花纹，男童盛装裙子以蛇纹和黄白间条为主，裤口纹样以龙尾纹和半圆花纹为主，红黄相间，点缀白色。绣花帽以变形花纹、小草纹、森林纹和眼珠子纹的组合为主（图 3-28）。

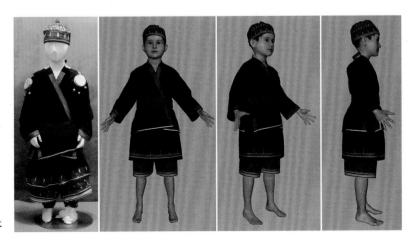

采集的样本

图 3-28

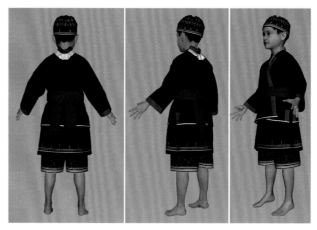

图 3-28 南岗男童盛装 3D 复原虚拟展示图

（二）南岗男童盛装平面款式图（图 3-29）

图 3-29 南岗男童盛装平面款式图

（三）南岗男童盛装 CAD 结构图

1. 样本结构制图规格

南岗男童盛装上衣、裤子结构数据与平装结构数据保持一致，只是增加了绣花裙以及在裤子下摆增加了绣花图案，绣花裙腰部自由抽褶，绣花裙结构制图规格和结构图如表3-10、图 3-30 所示。

表 3-10 样本结构制图规格

绣花裙尺寸（单位：cm）					
裙长	30	裙腰头长	50	裙下摆围	80

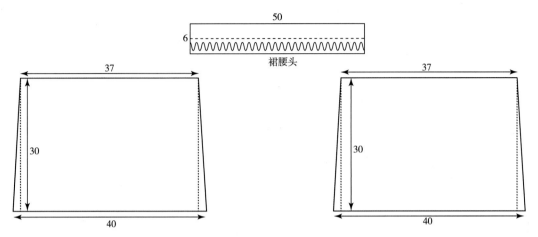

图 3-30 南岗男童盛装绣花裙结构图

2.样本裁片图（图3-31）

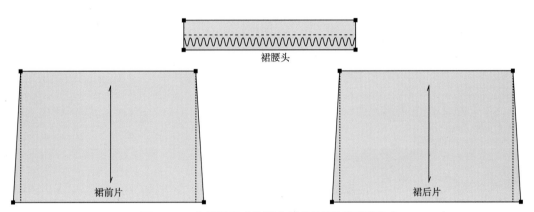

图 3-31 南岗男童盛装绣花裙裁片图（隐藏缝份）

三、南岗女童平装

（一）南岗女童平装 3D 复原虚拟展示图

样本采集于连南瑶族非物质文化遗产瑶绣传承人龙雪梅老师《瑶族刺绣》著作中的插图，南岗女童平装 3D 虚拟图展示了上衣、裤子、白色腰带三个部分的着装形态。上衣、下裤采用深蓝色手工染布缝制而成，无绣花纹样装饰，在袖口和侧缝处有蓝色贴边，裤子宽松肥大，有大量余褶，腰部扎白色腰带固定服装（图 3-32）。

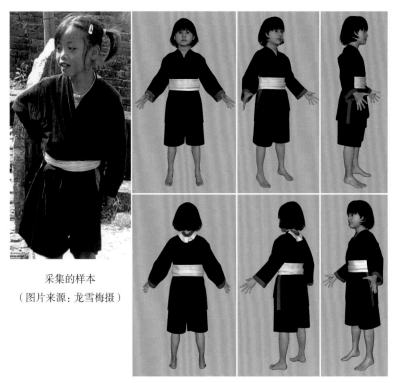

采集的样本
（图片来源：龙雪梅摄）

图 3-32　南岗女童平装 3D 复原虚拟展示图

（二）南岗女童平装平面款式图（图 3-33）

图 3-33　南岗女童平装平面款式图

（三）南岗女童平装 CAD 结构图

1. 样本结构制图规格（表3-11）

表3-11 样本结构制图规格

上衣尺寸（单位：cm）					
前片衣长	46	后片衣长	46	胸围	74
前片下摆	19×2	后片下摆	20.5×2	袖长	23
领圈白色贴边宽	4.5	蓝色立领高	3	袖口围	24
裤子尺寸（单位：cm）					
裤长	30	裤口围	42	腰头长	50
腰头宽	3	腰带布宽	21	腰带布长	130

2. 样本结构制图要点（图3-34）

（1）"十字形"平面结构，以前、后衣长92cm为长，以20.5cm为宽，绘制两个矩形，长的二等分做辅助线为肩部翻折线。

（2）领宽3.5cm，后领深度约2.5cm，领圈白色贴边宽4~4.5cm。

（3）肩部翻折线延长23cm做袖长，袖肥28cm。

（4）前胸宽比后背宽少1.5cm。

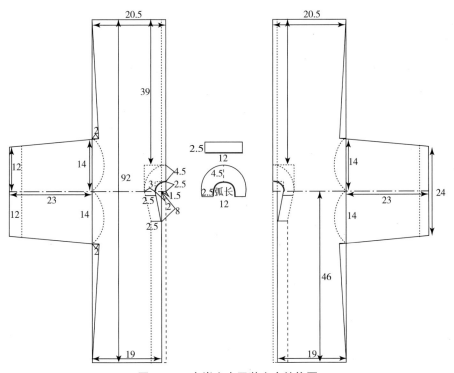

图 3-34 南岗女童平装上衣结构图

3. 裤子缝制说明（图3-35）

（1）右边裤腿 *ab* 线左边裤腿 *c′ d′* 线缝合。

（2）右边裤腿 *cd* 线与左边裤腿 *a′ b′* 线缝合。

（3）右边裤腿 *be* 线与左边裤腿 *e′ b′* 线缝合。

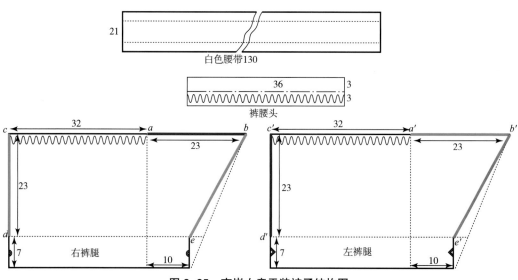

图 3-35　南岗女童平装裤子结构图

4. 样本裁片图（图3-36、图3-37）

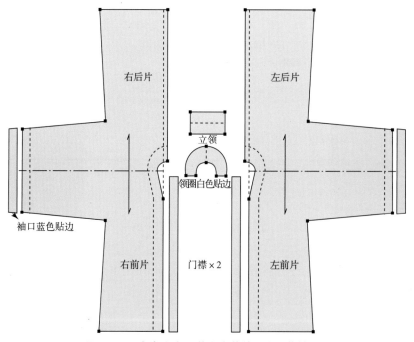

图 3-36　南岗女童平装上衣裁片图（隐藏缝份）

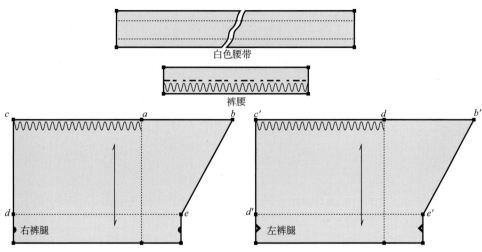

白色腰带

裤腰

右裤腿

左裤腿

图 3-37　南岗女童平装裤子裁片图（隐藏缝份）

四、南岗女童盛装

南岗女童盛装为自染蓝布上衣搭配绣花裙，裹脚绑，头饰除戴绣花童帽外，还可以戴山茶花、插白鸡毛。与妇女盛装相比，女童盛装在绣花纹样上略显简单，绣花裙有马头纹、龙尾纹、扇子纹、蛇纹、眼珠子纹，相比油岭马头纹的细长与清瘦，南岗马头纹显得更为丰腴与饱满。

（一）南岗女童盛装 3D 复原虚拟展示图

样本采集于连南千年瑶寨"耍歌堂"节庆活动上的女童服装。南岗女童盛装 3D 虚拟图展示了上衣、绣花裙、白色腰带三个部分的着装形态。上衣采用蓝黑色手工染布缝制而成，简单朴素，下身穿百褶绣花裙艳丽夺目，绣花裙以大红色为主，点缀黄色、绿色和黑色，白色腰带很好地协调了上下颜色的突兀对比（图 3-38）。

采集的样本

图 3-38

图 3-38　南岗女童盛装 3D 复原虚拟展示图

（二）南岗女童盛装平面款式图（图 3-39）

图 3-39　南岗女童盛装平面款式图

（三）南岗女童盛装 CAD 结构图

1. 样本结构制图规格

南岗女童盛装上衣结构数据与平装结构数据保持一致。绣花裙腰部自由抽褶，制图规格如表 3-12 所示。

表 3-12　样本结构制图规格

绣花裙尺寸（单位：cm）					
裙长	35	裙腰头长	50	裙下摆围	72

2. 样本结构制图要点（图 3-40）

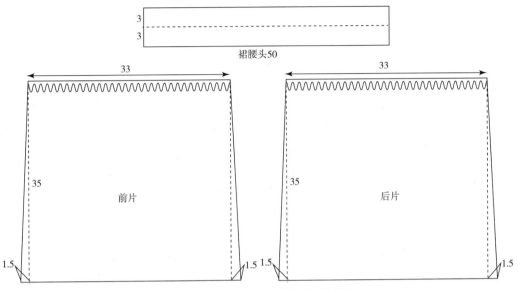

图 3-40　南岗女童盛装绣花裙结构图

五、南岗儿童服饰绣片数字化图解

（一）南岗儿童服饰绣片图形基元（表 3-13）

表 3-13　南岗儿童服饰绣片图形基元

纹样名称	基元图示	纹样名称	基元图示
南岗服饰马头纹	纹样更饱满	油岭服饰马头纹	纹样更纤瘦
眼珠子纹、山纹的组合纹		龙角纹、扇子纹的组合纹	
龙尾纹		蛇纹	
半圆花纹		大花纹	

（二）南岗儿童服饰绣片形纹组合与应用（表 3-14）

表 3-14　南岗儿童服饰绣片形纹组合与应用

名称	平面图示	应用效果
南岗女童绣花裙图案	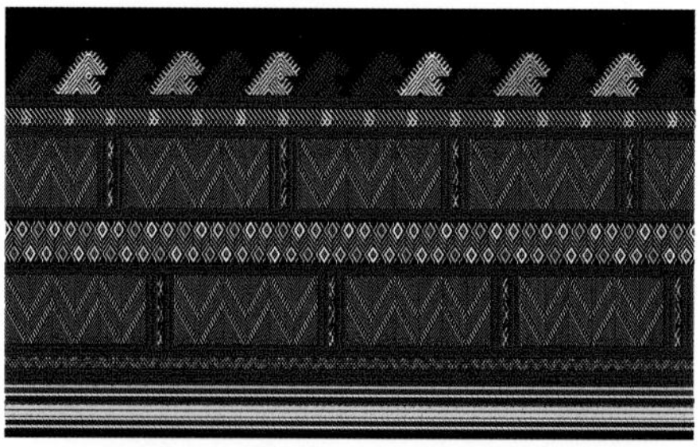	
南岗男童裤口绣花图案		
男童绣花裙下摆绣花图案	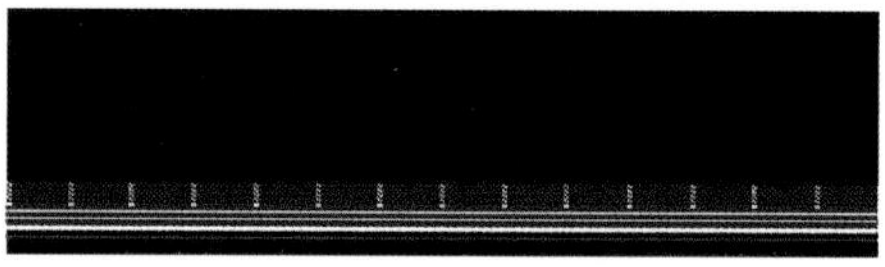	

第四章 大麦山服饰数字化保护

大麦山镇地处连南瑶族自治县西南部，南与怀集县、连山壮族瑶族自治县接壤，东与寨岗、寨南相连，西北与涡水相接，西与香坪、盘石交界，北与南岗相邻，绝大部分是排瑶，有少部分是过山瑶。大麦山瑶民主要由涡水地区搬迁而来，其服饰与横坑、涡水镇的马头冲、黄家冲、瑶龙服饰基本一致，区别主要在于头饰的不同。

大麦山排瑶服饰"T"字衣领最有特色，"T"字衣领只绣领子横面，竖面用白色布贴补。男装在上衣门襟、袖口处有宽约 8~10cm 的白色布拼接装饰，女装则常用蓝色门襟、白色袖口装饰。

大麦山男女盛装纹样除了大红色绒线外，还喜好用枚红色绒线进行绣制，纹样通常以万字纹、松树纹、蜘蛛纹、麦穗纹、河流纹、百花图等抽象几何纹样为主。在配饰方面，男女斜挎绣花袋，腰部扎腰带，未婚女子扎白色腰带，已婚妇女扎黑色腰带，男子扎红腰带；女子小腿裹绣花脚绑，男子不裹绣花脚绑。头饰方面，已婚妇女发髻上套一个约 5cm 长小竹筒，使发髻高耸并覆盖黑帕，扎成塔形，再插上银簪和羽毛装饰，在额前缠绕几层绣花三角帕；男子扎红头巾（图 4-1）。

图 4-1 大麦山服饰

1—大麦山妇女平装（博物馆藏） 2—大麦山妇女盛装（博物馆藏） 3—大麦山男子盛装（博物馆藏）

4—大麦山女子盛装（博物馆藏） 5—涡水瑶龙妇女平装（正面） 6—涡水瑶龙妇女平装（背面）

7—大麦山未婚女子盛装（博物馆藏） 8—大麦山未婚子女盛装

第一节 大麦山妇女服饰

一、大麦山妇女平装

大麦山白芒、九寨女性上衣和横坑服饰类似，平装面料主要为蓝黑色自染布，上衣下裤的服装形制，袖口有白色或蓝色棉布拼接，门襟贴边为衣身本色布或蓝色棉布，并有白色线绣装饰。衣长盖过臀部，左右衣片交叠，腰部扎黑色腰带固定服装，腋下片短于前、后衣片并有白色线迹装饰。"T"字衣领，横面用红色或枚红色绒线绣花完成，竖面领子为白色贴布。中筒裤子宽松多褶皱，裤长至膝盖以下，裆部有矩形拼布，腰头松紧抽褶，小腿裹素色脚绑。

（一）大麦山妇女平装 3D 复原虚拟展示图

样本采集于连南瑶族博物馆馆藏服饰。大麦山妇女平装 3D 虚拟图展示了上衣、阔腿中筒裤、黑色腰带三个部分的着装形态。袖口用 10~12cm 蓝色布装饰，门襟、下摆、腋下侧缝、腋下片、袖子内侧缝、裤子内侧缝及裤口边缘均用白色线迹装饰。"T"字衣领，只绣横面，裤腿宽松，由长 65cm、宽 75cm 的矩形围合而成，裆部贴布（图 4-2）。

采集的样本

图 4-2　大麦山妇女平装 3D 复原虚拟展示图

（二）大麦山妇女平装平面款式图（图 4-3）

图 4-3　大麦山妇女平装平面款式图

（三）大麦山妇女平装 CAD 结构图

1. 样本结构制图规格（表 4-1）

表 4-1　样本结构制图规格

上衣尺寸（单位：cm）							
前片衣长	77	后片衣长	77	胸围		124	
前片下摆围	24×2	后片下摆围	26×2	袖长		43	
袖口围	36	腋下片长	20	腋下片宽		10	
裤子尺寸（单位：cm）							
裤长	57~65	裤腿围	75	腰头宽		3.5~4	
腰带布	210×40	底裆布	41×14	腰头长		68~72	

2. 样本结构制图要点（图 4-4、图 4-5）

（1）"十字形"平面结构，以前、后衣长 154cm 为长，以 26cm 为宽，绘制两个矩形，长的二等分做辅助线为肩部翻折线。

（2）横开领 4.5~5.5cm，后领深度约 1.5cm，领圈贴边宽 4~4.5cm。

（3）腋下独立裁片设计，与前、后片缝合。

3. 样本缝制说明

上衣腋下片缝制：

（1）腋下片 *ab* 线与后片 *c′ d′* 线缝合。

（2）*a′ b′* 线与 *cd* 线缝合。

（3）*oa′* 线与袖片上的 *fe* 线缝合。

（4）*oa* 线与 *f′ e′* 线。

裤子缝制：

（1）右裤腿 *cd* 线与底裆贴布 *hk* 线缝合。

（2）左裤腿 *c′ d′* 线与底裆贴布 *ji* 线缝合。

（3）*bc* 线和 *hi* 线与左裤腿 *a′ e′* 线缝合，*b′ c′* 线和 jk 线与右裤腿 *ae* 线缝合。

（4）裤子内侧缝线 *ef* 线与 *dg* 线缝合，*e′ f′* 线与 *d′ g′* 线缝合。

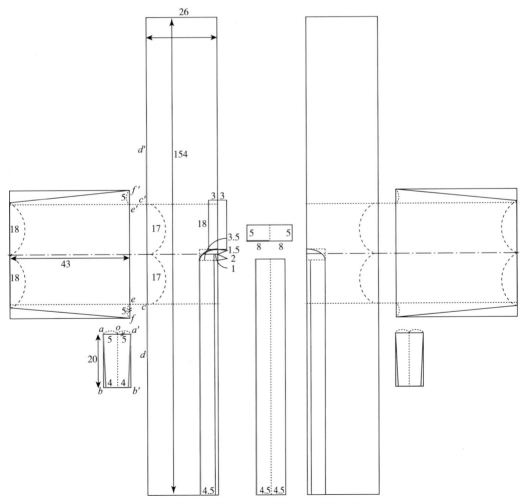

图 4-4　大麦山妇女平装上衣结构图

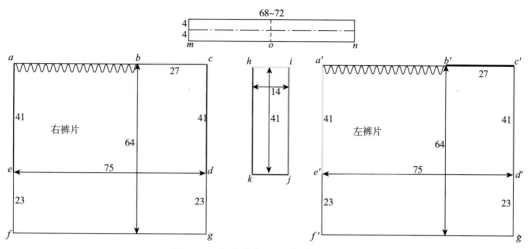

图 4-5　大麦山妇女平装裤子结构图

4. 样本裁片图（图 4-6、图 4-7）

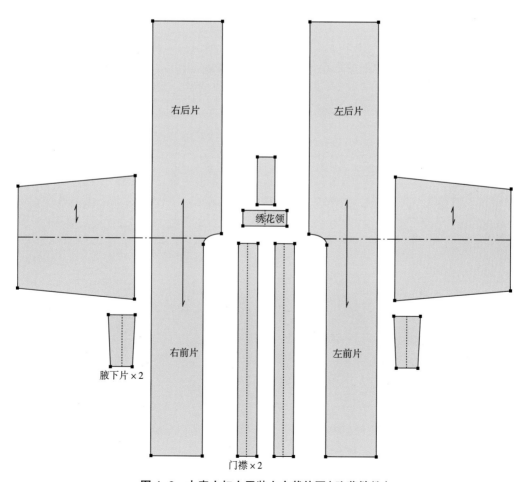

图 4-6　大麦山妇女平装上衣裁片图（隐藏缝份）

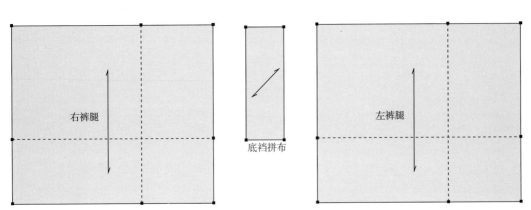

裤腰头（松紧）

右裤腿

底裆拼布

左裤腿

图 4-7 大麦山妇女平装裤子裁片图（隐藏缝份）

二、大麦山妇女盛装

大麦山妇女盛装上衣与平装上衣结构一致，只是袖口与门襟拼布颜色有差异，盛装门襟拼接蓝色土布，镶缏 0.3cm 的白色牙条，袖口采用白色布拼接装饰。下装搭配绣花筒裙，裙长约 60cm，裙身刺绣纹样色彩绚丽，以红色为主，点缀黄色和绿色；图案配以小鸟纹、蛇纹、扇子纹等，刺绣工艺精湛，复杂多样，所需工时较长。

（一）大麦山妇女盛装 3D 复原虚拟展示图

样本采集于广东瑶族博物馆馆藏服饰，此款为大麦山未婚女子盛装。盛装 3D 虚拟图展示了上衣、绣花裙、白色腰带三个部分着装形态（图 4-8）。"T"字衣领，横面绣花以龙角纹和组合花纹为主。筒裙纹样以变形花纹、眼珠子纹、小鸟纹、山纹、蛇纹、扇子纹、眼珠子纹组合为主。

采集的样本

图 4-8　大麦山妇女盛装 3D 复原虚拟展示图

（二）大麦山妇女盛装平面款式图（图 4-9）

图 4-9　大麦山妇女盛装平面款式图

（三）大麦山妇女盛装 CAD 结构图

大麦山未婚女子盛装上衣结构与妇女平装上衣结构数据一致，只是袖口与门襟的拼布颜色不同。绣花裙结构数据如表 4-2、图 4-10 所示，前中部位捏褶。

表 4-2　绣花裙尺寸

绣花裙尺寸（单位：cm）					
裙长	60	裙下摆围	120	腰头宽	3.5 ~ 4

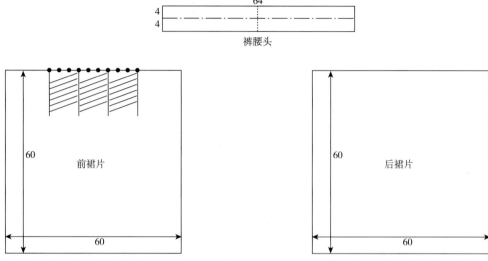

图 4-10　大麦山妇女盛装绣花裙结构图

（四）大麦山妇女盛装绣片数字化图解

1. 大麦山妇女盛装绣片图形基元（表 4-3）

表 4-3　大麦山妇女盛装绣片图形基元

纹样名称	基元图示	纹样名称	基元图示
变形花纹（1）		变形花纹（2）	
眼珠子纹		小鸟纹、山纹、蛇纹的组合纹	
扇子纹、蛇纹组合纹		眼珠子纹、山纹、蛇纹组合纹	

2. 大麦山妇女盛装绣片形纹组合与应用（表4-4）

表4-4　大麦山妇女盛装绣片形纹组合与应用

名称	平面图示	3D 应用效果
大麦山妇女盛装绣花裙绣片		

第二节　大麦山男子服饰

一、大麦山男子平装

大麦山男子与涡水镇马头冲、黄家冲男子一样头扎红头巾，头巾两端绣有刺绣纹样。上衣同为"T"字衣领，只绣横面，通常除了大红色绣花绒线外，也会用枚红色绒线进行纹样的绣制。上装门襟、袖口、侧缝开衩均用宽约6.5~8.5cm的白布拼接。裤子宽松，裤长至脚踝，裤子内侧缝有白色线迹装饰，腰部系红色或者黑色腰带。

（一）大麦山男子平装3D复原虚拟展示图

样本采集于连南瑶族非物质文化遗产瑶绣传承人龙雪梅老师《瑶族刺绣》著作中的插图。大麦山男子平装3D复原虚拟图展示了上衣、阔腿长裤，红色腰带和红色头巾四个部分的着装造型。上衣腋下部位高开衩，并用白色宽布边装饰。"T"字衣领横面绣花以龙角纹、蜘蛛纹组合花纹为主；红色头巾上的绣花以松果纹、龙尾纹、大花纹为主（图4-11）。

采集的样本
（图片来源：龙雪梅摄）

图4-11

79

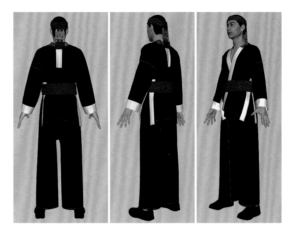

图 4-11　大麦山男子平装 3D 复原虚拟展示图

（二）大麦山男子平装平面款式图（图 4-12）

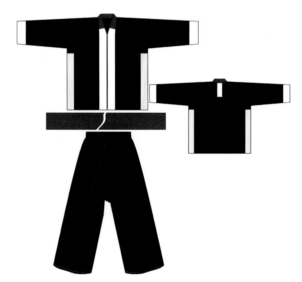

图 4-12　大麦山男子平装平面款式图

（三）大麦山男子平装 CAD 结构图

1. 样本结构制图规格（表 4-5）

表 4-5　样本结构制图规格

上衣尺寸（单位：cm）					
前片衣长	75	后片衣长	75	胸围	140
前片下摆围	35×2	后片下摆围	35×2	袖长	44
袖口围	38	绣花领长	37	绣花领宽	6.5

裤子尺寸（单位：cm）					
裤长	96	裤腿围	75	腰头宽	5
底裆布长	45	底裆布宽	15	腰头长	75

2.样本结构制图要点（图4-13）

（1）"十字形"平面结构，以前、后衣长150cm为长，以35cm为宽，绘制两个矩形，长的二等分做辅助线为肩部翻折线。

（2）横开领6cm，后领深度约3cm。

（3）"T"字绣花领 竖面长20cm，宽约6cm。

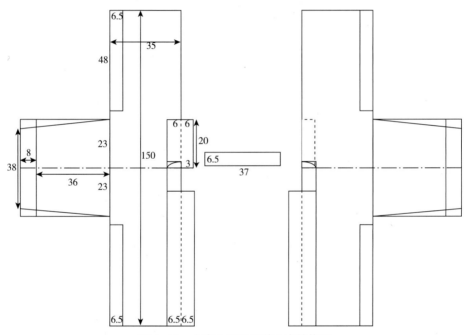

图4-13　大麦山男子平装上衣结构图

3.裤子缝制说明（图4-14）

（1）右裤腿 cd 线与底裆贴布 hk 线缝合。

（2）左裤腿 c' d' 线与底裆贴布 ji 线缝合。

（3）bc 线和 hi 线与左裤腿 a' e' 线缝合，b' c' 线和 jk 线与右裤腿 ae 线缝合。

（4）裤子内侧缝线 ef 线与 dg 线缝合，e' f' 线与 d' g' 线缝合。

二、大麦山男子盛装

大麦山男子盛装头裹红色头巾，上衣门襟为白色，下穿绣花长裤，再加上一件无扣无带坎肩，玫红色坎肩是大麦山男子盛装服饰的主要标志。坎肩因地方不同，各排造型略有差异。油岭男子坎肩类似于三角披肩的造型，用两块绣花头帕拼接而成，前肩处用扣针与衣身固定，并挂上银牌和银铃，以免滑落。大麦山男子坎肩与南岗男子坎肩相似，直接在矩形裁片上装饰银牌或银铃等装饰品。

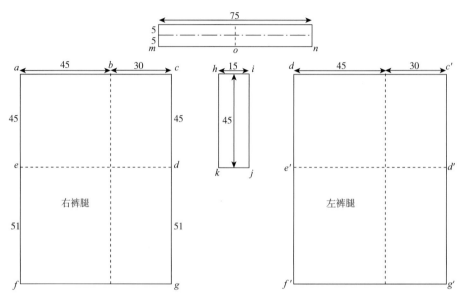

图 4-14   大麦山男子平装裤子结构图

（一）大麦山男子盛装 3D 复原虚拟展示图

样本采集于连南瑶族博物馆馆藏服饰。大麦山男子盛装 3D 虚拟图展示了上衣、绣花裤、坎肩、红色腰带、红色绣花头巾五个部分的着装形态。盛装上衣结构与平装结构一致，只是裤子增加绣花装饰，纹样以龙尾纹、眼珠子纹以及蛇纹与山纹的组合纹为主（图 4-15）。

采集的样本

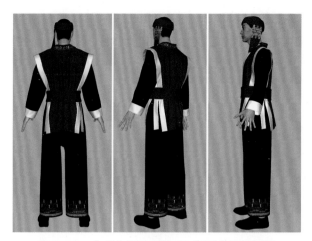

图 4-15 大麦山男子盛装 3D 复原虚拟展示图

（二）大麦山男子盛装平面款式图（图 4-16）

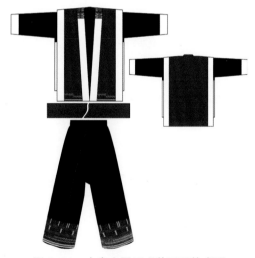

图 4-16 大麦山男子盛装平面款式图

（三）大麦山男子盛装 CAD 结构图

1.样本结构制图规格

男子盛装上衣、裤子尺寸数据与平装上衣、裤子尺寸数据一致，只是在裤口增加了绣花纹样。坎肩结构制图规格见表 4-6。

表 4-6 样本坎肩结构制图规格

坎肩尺寸（单位：cm）						
坎肩衣长	75	坎肩宽	55	绣花领长×宽	30×5

2. 样本结构制图要点（图 4-17）

（1）"十字形"平面结构，以前、后衣长 150cm 为长，以 55cm 为宽，绘制矩形，长的二等分做辅助线为肩部翻折线。

（2）横开领宽 4cm，后领深约 2.5cm。

（3）绣花领长 30cm，宽 5cm。

3. 样本裁片图（图 4-18）

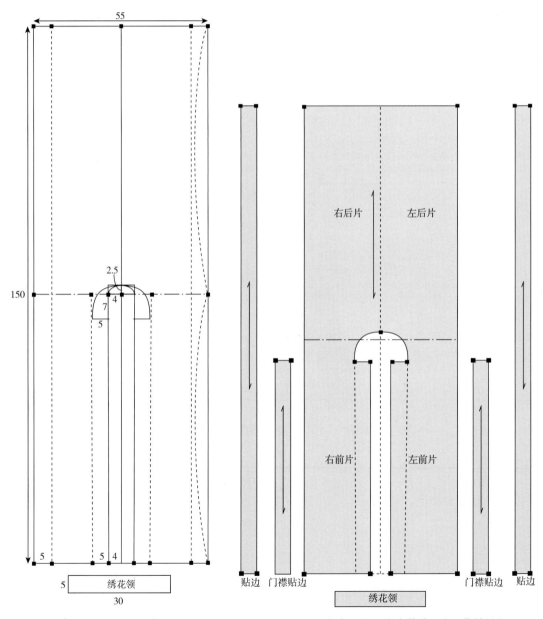

图 4-17　大麦山男子坎肩结构图　　　　图 4-18　大麦山男子坎肩裁片图（隐藏缝份）

（四）大麦山男子盛装绣片数字化图解

1. 大麦山男子盛装绣片图形基元（表4-7）

表4-7 大麦山男子盛装绣片图形基元

纹样名称	基元图示	纹样名称	基元图示
变形 龙尾纹		山纹、蛇纹的 组合纹	
眼珠子纹		松树纹	

2. 大麦山男子盛装绣片形纹组合与应用（表4-8）

表4-8 大麦山男子盛装绣片形纹组合与应用

名称	平面图示	3D应用效果
裤口绣片 纹样		
头巾绣片 纹样		

第三节 大麦山儿童服饰

一、大麦山男童服饰

（一）大麦山男童服饰3D复原虚拟展示图

大麦山男童服饰与成年男子服饰款式和结构保持一致，但男童戴绣花帽，不裹红色头巾。

　　样本采集于连南瑶族博物馆馆藏服饰。大麦山男童服饰 3D 虚拟图展示了上衣、阔腿长裤、红色腰带三个部分的着装形态。"T"字衣领，横面绣花除用红色绒线外，还常用玫红色绒线。门襟、袖口、腋下开口处用白色布拼接装饰。裤脚口处有蛇纹与森林纹组合的刺绣纹样装饰（图 4-19）。

采集的样本

图 4-19　大麦山男童服饰 3D 复原虚拟展示图

（二）大麦山男童服饰平面款式图（图 4-20）

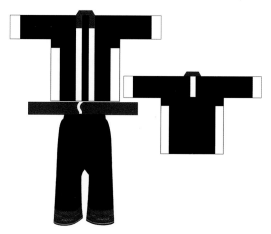

图 4-20　大麦山男童服饰平面款式图

（三）大麦山男童服饰CAD结构图

1. 样本结构制图规格（表4-9）

表4-9　样本结构制图规格

上衣尺寸（单位：cm）					
前片衣长	46	后片衣长	46	胸围	80
袖长	24	袖口围	28	后背"T"字领长	15
前片下摆围	18×2	后片下摆围	20×2	后背"T"字领宽	5
绣花领长	26	绣花宽	6	袖口贴边宽	6
裤子尺寸（单位：cm）					
裤长	48~50	裤腿围	42	底裆布	23×13

2. 样本结构制图要点（图4-21、图4-22）

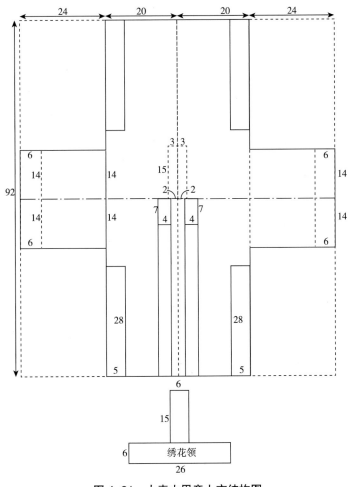

图4-21　大麦山男童上衣结构图

87

（1）"十字形"平面结构，以前、后衣长92cm为长，以88cm为宽，绘制矩形，长的二等分做辅助线为肩部翻折线，宽的二等分做辅助线为中心线。

（2）从中心线往两边各20cm做侧缝线（腋下线）。

（3）前片宽的总量比后片少4cm。

二、大麦山女童服饰

（一）大麦山女童服饰3D复原虚拟展示图

大麦山女童服饰与妇女服饰在结构上保持一致，下身穿中裤或者绣花裙。大麦山女童服装3D虚拟图展示了上衣、阔腿中裤、白色腰带三个部分的着装形态。"T"字衣领，横面绣花。门襟和腋下侧缝处刺绣花边拼贴装饰，袖口装饰白色宽边。裤脚口处有刺绣花边装饰（图4-23）。

（二）大麦山女童服饰平面款式图（图4-24）

（三）大麦山女童服饰CAD结构图

1.样本结构制图规格（表4-10）

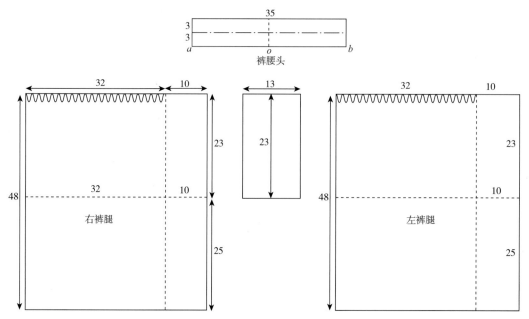

图4-22 大麦山男童裤子结构图

图 4-23 大麦山女童服饰 3D 复原虚拟展示图

腋下独立裁片

图 4-24 大麦山女童服装平面款式图

表 4-10　样本结构制图规格

上衣尺寸（单位：cm）					
前片衣长	49	后片衣长	49	胸围	80
袖长	20	袖口围	24	后背"T"字领长	15
前片下摆围	15.5×2	后片下摆围	17.5×2	后背"T"字领宽	5
绣花领长	25	绣花领宽	4~5	袖口贴边宽	6
裤子尺寸（单位：cm）					
裤长	32~36	裤腿围	42	底裆布	23×13

2. 样本结构制图要点（图 4-25、图 4-26）

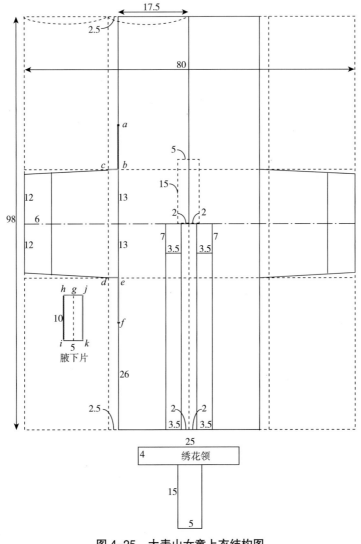

图 4-25　大麦山女童上衣结构图

（1）"十字形"平面结构，以前、后衣长98cm为长，左、右通袖长80cm为宽，绘制矩形，长的二等分做辅助线为肩部翻折线，宽的二等分做辅助线为左、右衣片中心线。

（2）横开领宽4.5~5.5cm，袖口白边宽5.5~6cm。

（3）腋下独立裁片设计，与前、后衣片缝合（图4-25）。ab线与ih线缝合；ef线与jk线缝合；bc线与hg线缝合；de线与gj线缝合。

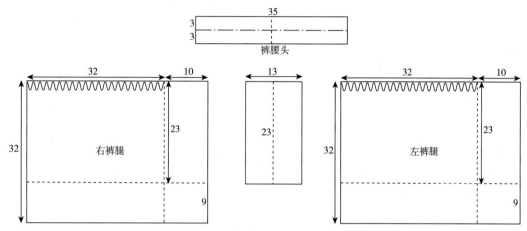

图4-26　大麦山女童裤子结构图

第五章 军寮服饰数字化保护

军寮排是八排瑶"西五排"中的一个支系。军寮排与其他瑶族支系一样好穿五色衣，五色为红、黄、白、绿、蓝。在服饰形制上，军寮女子以上衣下中裤搭配绣花围裙或绣花裙为主，腿部裹脚绑；军寮男子以上开衫下长裤为主，不裹脚绑。在配饰方面，军寮男女都喜好斜挎绣花袋，已婚妇女头髻戴一顶三角布壳帽，上面用红色布遮盖；女孩头上则插红花配白色羽毛（或红绒线缠绕）；男子头缠红头巾（图5-1）。

图 5-1 军寮服饰

1—军寮男子服饰 2—军寮少女盛装 3—军寮老年男子头饰歌王（房良九斤公） 4—军寮男子表演盛装

5—军寮妇女后背蓝色贴布 6—军寮男子红色线缠髻角

第一节　军寮妇女服饰

一、军寮妇女平装

军寮妇女日常生活中多穿平装，服装整体朴素，款式简洁易穿，颜色以蓝黑色为主色，配以蓝色门襟。上衣为无领无扣开襟衫，上衣较长，盖过臀部直达大腿处，腰部位置侧缝开衩，方便劳作时的蹲与坐。清代李来章曾如此形容瑶服："女衣以五色绒密绣之，后衣则长过膝，无前襟。"那时瑶民妇女平装里面不穿打底衫，直接用白色腰带固定衣服。当代瑶民妇女在平装下面会穿上T恤衫之类服装作为打底衫。下穿宽松阔腿中裤，小腿部分缠脚绑。

（一）军寮妇女平装 3D 复原虚拟展示图

样本采集于连南油岭瑶寨篝火表演晚会参演人员服装。军寮妇女平装 3D 复原虚拟图展示了长上衣、中裤和白色腰带三个部分的着装形态。上衣领口交叠，袖口、门襟用 3cm 宽的蓝色布边镶饰，腋下高开衩，衣服下摆、裤子脚口边沿均有白色线迹绣花装饰。上衣后背靠近领子处有 U 形蓝色布贴补绣，边沿用白色线迹绣花装饰，这是军寮妇女服装的一个鲜明标志（图 5-2）。

采集的样本

图 5-2　军寮妇女平装 3D 复原虚拟展示图

（二）军寮妇女平装平面款式图（图 5-3）

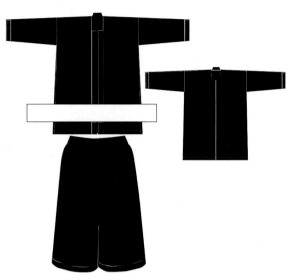

图 5-3　军寮妇女平装平面款式图

（三）军寮妇女平装 CAD 结构图

1. 样本结构制图规格（表 5-1）

表 5-1　样本结构制图规格

上衣尺寸（单位：cm）					
前片衣长	85	后片衣长	85	胸围	124
袖长	39	袖口围	32	袖肥	38
前片下摆围	35×2	后背贴布高	10	蓝色立领高	4
后片下摆围	31×2	后背贴布宽	14	蓝色立领长	26.5
裤子尺寸（单位：cm）					
裤长	58	裤腿围	68	腰头宽	3.5~4
底档布	10×10	腰带布	210×40	腰头长	64~72

2. 样本结构制图要点（图 5-4、图 5-5）

（1）"十字形"平面结构。以前、后衣长 170cm 为长，通袖长 140cm 为宽，绘制矩形，以长、宽的二等分做十字辅助线，横向辅助线为肩部翻折线，纵向辅助线为衣身中心线。

（2）后领深 1.5~2cm，横开领宽约 4cm。

（3）蓝色镶边宽为 3cm。

（4）U 形贴补绣尺寸约为 10cm×14cm。

94

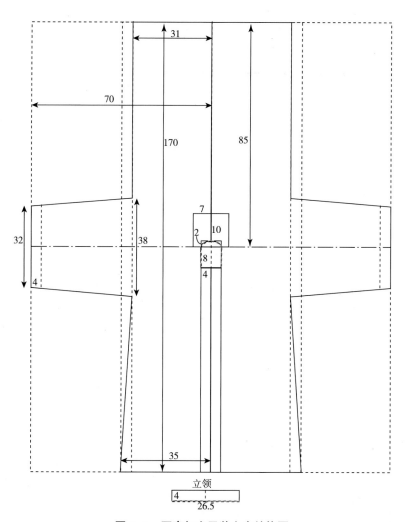

图 5-4　军寮妇女平装上衣结构图

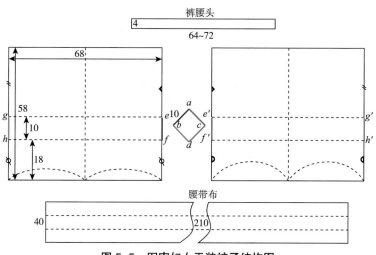

图 5-5　军寮妇女平装裤子结构图

3. 样本裁片图（图 5-6、图 5-7）

4. 裤子缝制说明

（1）底裆部 *ab* 线与右裤腿 *ef* 线缝合，底裆部 *ac* 线与左裤腿 *e′ f′* 线缝合。

（2）底裆部 *bd* 线与右裤腿 *hg* 线缝合，底裆部 *cd* 线与左裤腿 *h′ g′* 线缝合。

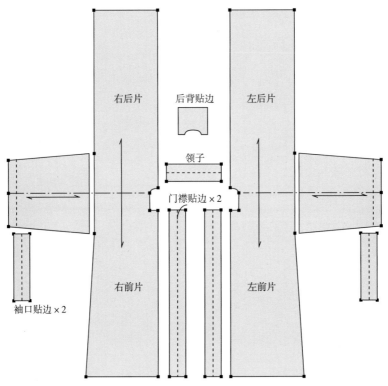

图 5-6 军寮妇女平装上衣裁片图（隐藏缝份）

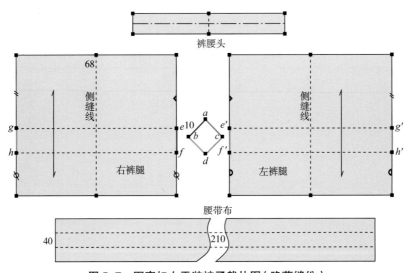

图 5-7 军寮妇女平装裤子裁片图（隐藏缝份）

二、军寮妇女盛装

军寮妇女盛装有绣花上衣和绣花百褶裙,一般套穿在平装外面,盛装为在耍歌堂、宗教仪式、婚嫁等节日盛典活动时候的穿着。盛装衣身、衣领、裙子(围裙)、腰带上面都有精美绣花装饰,花纹通常以扇子纹、松树纹、雪花纹、小鸟纹、山纹、蛇纹等组合。盛装头饰为三角高帽,不同年龄的军寮妇女头饰有所不同,已婚年轻妇女扎朝天髻,内用两层不同的包布,外加一蓝色方包布,再用各色绒线装饰;而老年妇女则用红色方巾包头髻。

(一)军寮妇女盛装 3D 复原虚拟展示图

样本采集于连南瑶族博物馆馆藏服饰。军寮妇女盛装 3D 复原虚拟图展示了上衣、裤子、绣花裙、白色绣花腰带四个部分的着装形态。红色绣花上衣搭配蓝黑色中裤和绣花裙。绣花纹样由上至下主要有雪花纹、松树纹、变形花纹、扇子纹蛇纹组合、叉形纹、小鸟纹、山纹、蛇纹组合,这些纹样的原型均来自大自然物种,代表着瑶民对自然的讴歌与赞美(图 5-8)。

采集的样本

图 5-8 军寮妇女盛装 3D 复原虚拟展示图

（二）军寮妇女盛装平面款式图（图 5-9）

图 5-9　军寮妇女盛装平面款式图

（三）军寮妇女盛装 CAD 结构图

1. 样本结构制图规格（表 5-2）

表 5-2　样本结构制图规格

上衣尺寸（单位：cm）					
前片衣长	85	后片衣长	85	胸围	128
袖长	38	袖口围	36	袖肥	40
前片下摆围	37.5×2	后片下摆围	37.5×2	绣花领长×高	63×5
绣花裙尺寸（单位：cm）					
裙长	65~70	裙下摆围	100~120	腰围	72

2. 样本结构制图要点（图 5-10、图 5-11）

（1）"十字形"平面结构。以前、后衣长 170cm 为长，通袖长 141cm 为宽，绘制矩形，以长、宽的二等分做十字辅助线，横向辅助线为肩部翻折线，纵向辅助线为衣身中心线。

（2）后领深 1.5~2cm，横开领宽约 7cm。

（3）绣花裙前中捏褶。

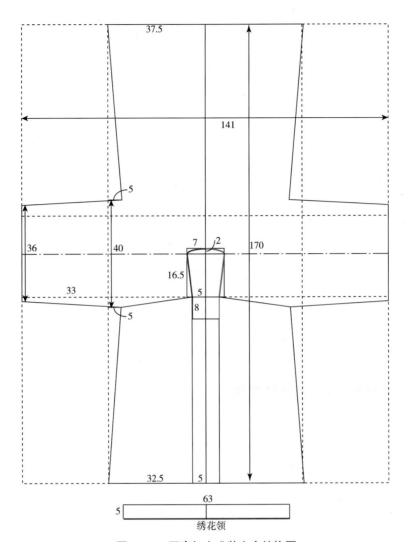

图 5-10　军寮妇女盛装上衣结构图

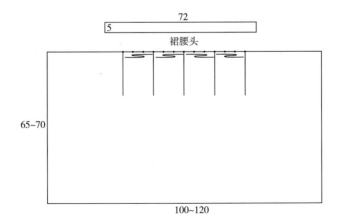

图 5-11　军寮妇女盛装绣花裙结构图

3. 军寮妇女盛装 CAD 裁片图（图 5-12、图 5-13）

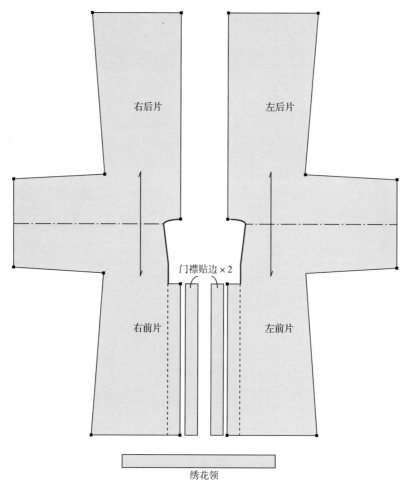

图 5-12 军寮妇女盛装上衣裁片图（隐藏缝份）

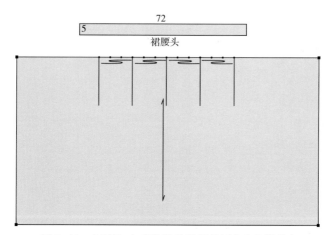

图 5-13 军寮妇女盛装绣花裙裁片图（隐藏缝份）

（四）军寮妇女盛装绣片数字化图解

1. 军寮妇女盛装绣片图形基元（表5-3）

表5-3　军寮妇女盛装绣片图形基元

纹样名称	基元图示	纹样名称	基元图示
松树纹、雪花纹、小鸟纹的组合纹		变形花纹、扇子纹、蛇纹的组合纹	
小鸟纹、山纹、蛇纹的组合纹		叉形纹	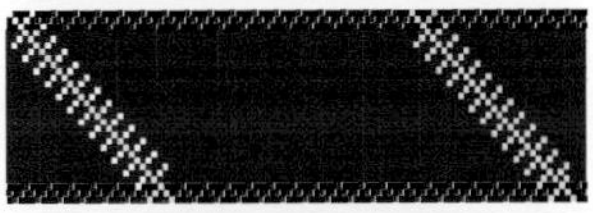
组合大花纹		变形瑶王印	

2. 军寮妇女盛装绣片形纹组合与应用（表5-4）

表5-4　军寮妇女盛装绣片形纹组合与应用

名称	平面图示	3D应用效果
军寮妇女盛装绣花裙纹样	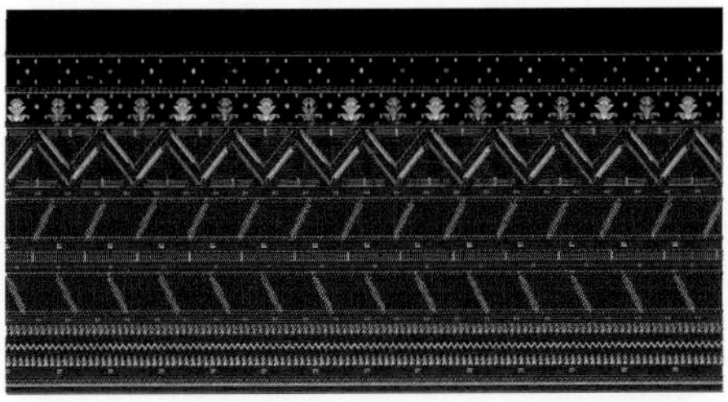	

第二节　军寮男子服饰

一、军寮男子平装

军寮男子头顶朝天髻，扎红头巾，上衣、下长裤以蓝黑色自染布缝制而成，上衣开襟设

101

计，无带无扣，腰部扎腰带固定服装，领围处有精美绣花，既起到装饰又能增加耐磨度的作用。下身穿宽松阔腿长裤，方便日常劳作，不裹脚绑。"老者对卉服，头颅缠红绡"描述的就是军寮排老年男子穿着朴素之衣，头上包着红色头巾的场景。

（一）军寮男子平装 3D 复原虚拟展示图

样本采集于连南瑶族博物馆馆藏服饰。军寮男子平装复原虚拟图展示了宽松开襟上衣、阔腿长裤、黑色腰带、红色头巾四个部分的着装形态。服装整体宽松、简洁、容易穿戴，绣花领两端纹样是龙角纹与盘王印的组合，中间以大花纹为主（图 5-14）。

采集的样本

图 5-14　军寮男子平装 3D 复原虚拟展示图

（二）军寮男子平装平面款式图（图 5-15）

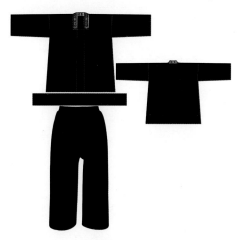

图 5-15　军寮男子平装平面款式图

（三）军寮男子平装 CAD 结构图

1. 样本结构制图规格（表 5-5）

表 5-5　样本结构制图规格

上衣尺寸（单位：cm）					
前片衣长	75	后片衣长	75	胸围	144
袖长	40.5~45	袖口围	38	袖肥	41
前片下摆围	48×2	后片下摆围	36×2	绣花领	45×5
裤子尺寸（单位：cm）					
裤长	107	裤口	67~70	腰围	72~76

2. 样本上衣结构制图要点（图 5-16）

（1）"十字形"平面结构。以前、后衣长 150cm 为长，76.5cm 为宽，绘制两个矩形，以长的二等分做横向辅助线为肩部翻折线。

（2）后领深 3~4cm，横开领宽约 7cm。

（3）门襟贴边长 62cm，宽 14cm。

3. 裤子缝制说明（图 5-17）

（1）腰头 *ao* 线与右裤腿 *cf* 线缝合。

（2）腰头 *ob* 线与左裤腿 *ik* 线缝合。

（3）右裤腿 *fg* 线与左裤腿 *ij* 线缝合。

（4）右裤腿 *cd* 线与左裤腿 *kl* 线缝合。

（5）右裤腿 *de* 线与 *hg* 线缝合。

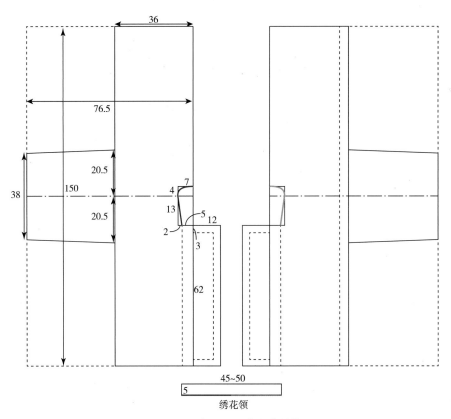

图 5-16　军寮男子平装上衣结构图

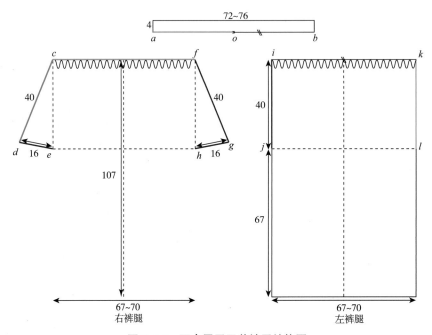

图 5-17　军寮男子平装裤子结构图

4. 样本裁片图（图 5-18、图 5-19）

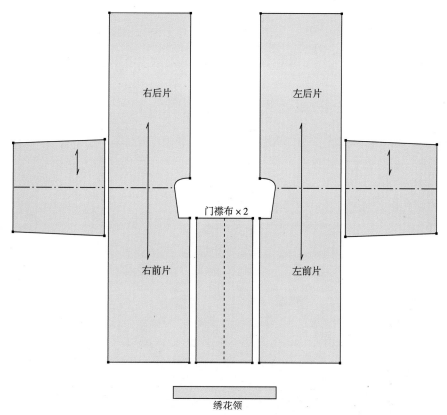

图 5-18　军寮男子平装上衣裁片图（隐藏缝份）

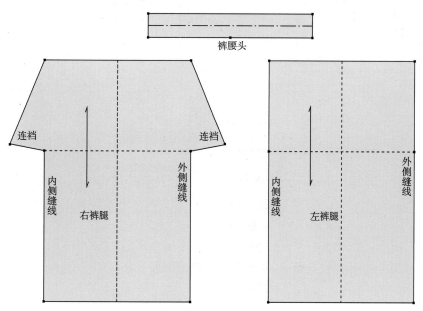

图 5-19　军寮男子平装裤子裁片图（隐藏缝份）

二、军寮男子盛装

军寮男子盛装头部的装束跟平装一样，扎朝天发髻，用红布缠头并挂上饰品。盛装上衣较短，与大麦山男子盛装相似，上衣外面套穿一件坎肩，坎肩用白色腰带固定，下装为长裤，裤口边有绣花，纹样以蛇纹、眼珠子纹和鸟纹为主，男子斜跨绣花袋。

（一）军寮男子盛装 3D 复原虚拟展示图

样本采集于广东瑶族博物馆馆藏服饰。军寮男子盛装 3D 复原虚拟图展示了上衣、坎肩、绣花长裤、白色腰带、红色头巾五个部分的着装形态。蓝黑色的上衣和裤子，搭配大红色坎肩，坎肩造型与大麦山男子坎肩一致，在门襟和侧缝边缘有 5cm 的白色贴边装饰，红、黑、白三种颜色对比强烈，视觉效果突出（图 5-20）。

采集的样本

图 5-20　军寮男子盛装 3D 复原虚拟展示图

（二）军寮男子盛装平面款式图（图5-21）

图 5-21 军寮男子盛装平面款式图

（三）军寮男子盛装CAD结构图

1. 样本结构制图规格

盛装上衣、裤子尺寸数据与平装上衣、裤子尺寸数据一致，只是在裤口增加了绣花纹样。坎肩结构制图规格见表5-6。

表 5-6 样本结构制图规格

坎肩尺寸（单位：cm）					
坎肩衣长	75	坎肩宽	55	坎肩贴边宽	5

2. 样本结构制图要点（图5-22）

（1）"十字形"平面结构，以前、后衣长150cm为长，以55cm为宽，绘制矩形，长的二等分做辅助线为肩部翻折线。

（2）横开领宽4cm，后领深约2.5cm。

（3）绣花领直裁，绣花领红色线与衣身红色线缝合，绣花领绿色线与衣身绿色线缝合。

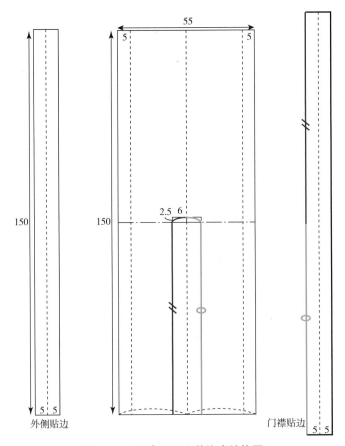

图 5-22　军寮男子盛装坎肩结构图

（四）军寮男子盛装绣片数字化图解

1. 军寮男子盛装绣片图形基元（表 5-7）

表 5-7　军寮男子盛装绣片图形基元

纹样名称	基元图示	纹样名称	基元图示
龙尾纹		眼珠子和蛇纹的组合纹	
小草纹		变形盘王印	
扇子纹、蛇纹的组合纹		蛇纹组合	

2.大麦山男子盛装绣片形纹组合与应用（表5-8）

表5-8 大麦山男子盛装绣片形纹组合与应用

名称	平面图示	3D应用效果
男裤裤腿绣花		
领子绣花		

第三节 军寮儿童服饰

军寮儿童服饰在形制上与成年男女服饰保持一致，男童为上衣下裤，女童为上衣下裤配绣花裙。男童头发扎朝天髻，用红色绒线缠紧发髻，也戴绣花帽。男童上衣较短，衣襟和袖口有白色布边装饰，领围和裤脚口有绣花，裤长至脚踝，腿部不裹绑带，扎白色腰带。

一、军寮男童服饰

（一）军寮男童服饰3D复原虚拟展示图

样本采集于连南瑶族博物馆馆藏服饰。军寮男童服饰3D复原虚拟图展示了上衣、阔腿长裤、白色腰带三个部分的着装形态。与军寮成年男子平装不同的是，在衣襟、袖口和侧缝开衩处有白色贴边装饰，阔腿长裤的绣花纹样以蛇纹、森林纹的组合纹为主（图5-23）。

采集的样本

图 5-23

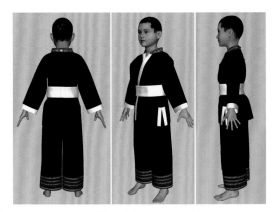

图 5-23　军寮男童服饰 3D 复原虚拟展示图

（二）军寮男童盛装平面款式图（图 5-24）

图 5-24　军寮男童盛装平面款式图

（三）军寮男童盛装 CAD 结构图

1. 样本结构制图规格（表 5-9）

表 5-9　样本结构制图规格

上衣尺寸（单位：cm）					
前片衣长	43	后片衣长	43	胸围	68
袖长	24	袖口围	25	袖肥	28
前片下摆围	19×2	后片下摆围	19×2	绣花领高	2.5
裤子尺寸（单位：cm）					
裤长	52	裤口	42	腰围	36

2. 样本上衣结构制图要点（图 5-25）

（1）"十字形"平面结构。以前、后衣长 86cm 为长，通袖长的一半 41cm 为宽，绘制两个矩形，以长的二等分做横向辅助线为肩部翻折线。

（2）后领深约 2cm，横开领宽约 5cm。

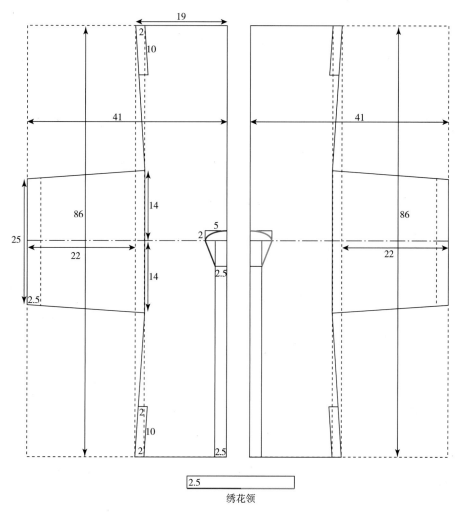

图 5-25　军寮男童盛装上衣结构图

3. 合裆裤缝制说明（图 5-26）

（1）腰带的 *ao* 线与右裤腿 *cd* 线缝合，腰带的 *ob* 线与左裤腿 *c′ d′* 线缝合。

（2）右裤腿的 *de* 线与左裤腿的 *c′ i′* 线缝合（前浪线）。

（3）左裤腿的 *d′ e′* 线与右裤腿的 *ci* 线缝合（后浪线）。

（4）右裤腿的 *ef* 线与左裤腿的 *f′ e′* 线缝合（底裆线）。

（5）右裤腿的 *fg* 线与 *ih* 线缝合（右裤腿内侧缝线）。

（6）左裤腿的 *f′ g′* 线与 *i′ h′* 线缝合（左裤腿内侧缝线）。

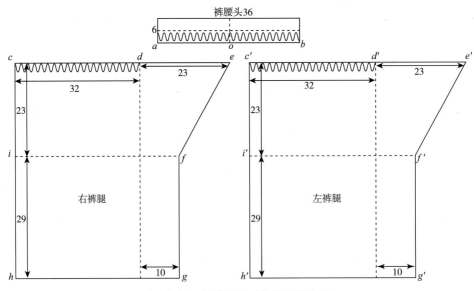

图 5-26　军寮男童盛装裤子结构图

4.样本裁片图(图 5-27、图 5-28)

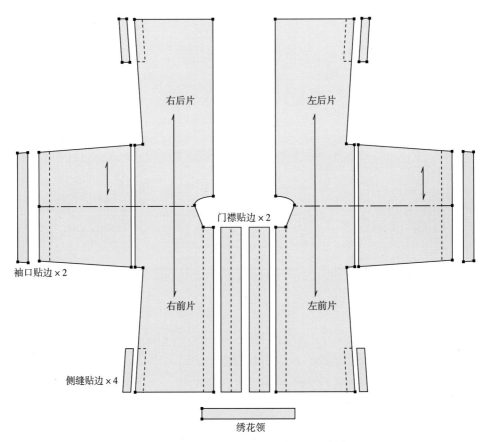

图 5-27　军寮男童盛装上衣裁片图(隐藏缝份)

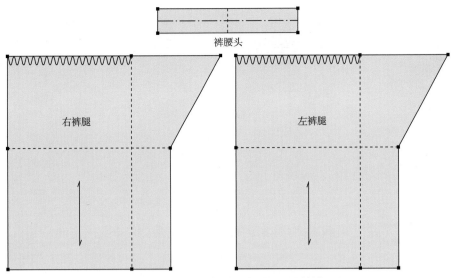

裤腰头

右裤腿　　　　　　　　　　左裤腿

图 5-28　军寮男童盛装裤子裁片图（隐藏缝份）

二、军寮女童服饰

（一）军寮女童服饰 3D 复原虚拟展示图

样本采集于连南瑶族非物质文化遗产瑶绣传承人龙雪梅老师《瑶族刺绣》著作中的插图。军寮女童服饰 3D 复原虚拟图展示了上衣、阔腿中裤、绣花围裙、白色腰带四个部分的着装形态。衣领绣花，门襟、袖口贴蓝色布边并有白色线迹装饰，后背无 U 形蓝色贴布，下身穿中筒阔腿裤，外面系绣花围裙。绣花围裙以红色为主，黄色、白色和绿色点缀，纹样以松果纹、龙角纹、扇子纹、花纹、叉形纹、小鸟纹、蛇纹和森林纹的组合纹为主（图 5-29）。

采集的样本

图 5-29

图 5-29　军寮女童服饰 3D 复原虚拟展示图

（二）军寮女童平装平面款式图（图 5-30）

图 5-30　军寮女童平装平面款式图

（三）军寮女童平装 CAD 结构图

1. 样本结构制图规格（表 5-10）

表 5-10　样本结构制图规格

上衣尺寸（单位：cm）					
前片衣长	45	后片衣长	45	胸围	68
袖长	22	袖口围	25	袖肥	28
前片下摆围	19×2	后片下摆围	19×2	绣花领高	2.5

裤子尺寸（单位：cm）					
裤长	30	裤口	42	腰围	36
裙长	30	裙下摆围	65		

2. 样本结构制图要点（图 5-31~ 图 5-33）

（1）"十字形" 平面结构。以前、后衣长 90cm 为长，通袖长的一半 39cm 为宽，绘制两个矩形，以长的二等分做横向辅助线为肩部翻折线。

（2）后领深约 1.5~2cm，横开领宽约 3.5cm。

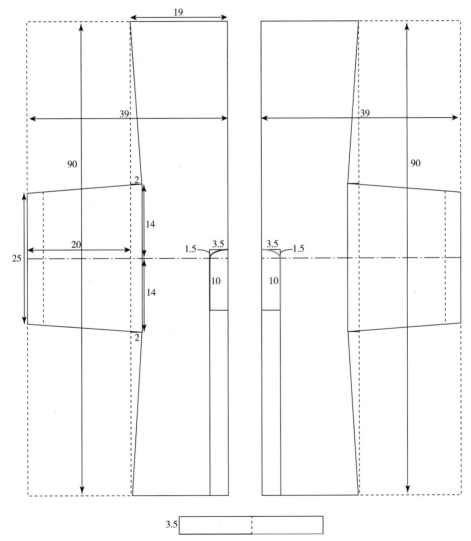

图 5-31　军寮女童平装上衣结构图

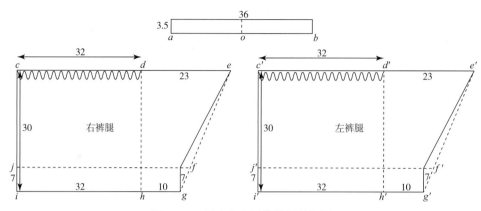

图 5-32　军寮女童平装裤子结构图

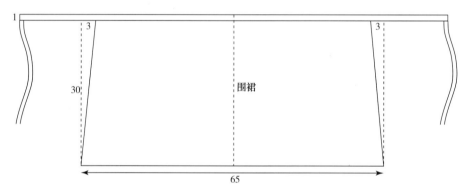

图 5-33　军寮女童平装绣花裙结构图

三、军寮儿童服饰绣片数字化图解

（一）军寮儿童服饰绣片图形基元（表 5-11）

表 5-11　军寮儿童服饰绣片图形基元

纹样名称	基元图示	纹样名称	基元图示
山纹、蛇纹的组合纹		组合大花纹	
松树纹、雪花纹、小鸟纹的组合纹		变形花纹、扇子纹、蛇纹的组合纹	
小鸟纹、山纹、蛇纹的组合纹		叉形纹	

（二）军寮儿童服饰绣片形纹组合与应用（表5-12）

表5-12　军寮儿童服饰绣片形纹组合与应用

名称	平面图示	3D 应用效果
军寮男童裤口绣花纹样	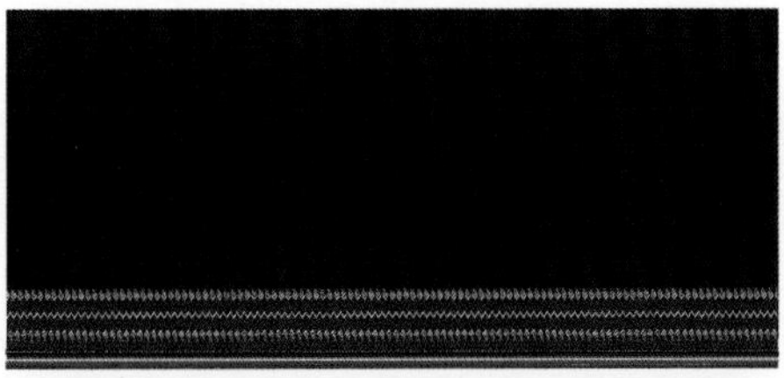	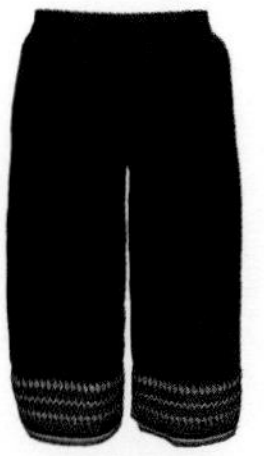
军寮女童绣花围裙纹样	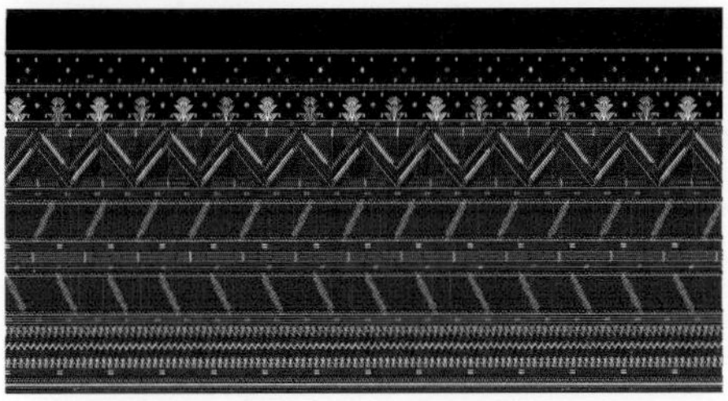	

第六章　大坪服饰数字化保护

　　大坪镇位于连南瑶族自治县西北部，南与涡水镇相接，西与香坪镇毗邻，北与连山壮族瑶族自治县太保镇接壤，是个半农半林的瑶族聚居镇。管辖大坪村、牛路水村、军寮村、大掌村、大古坳村。

　　大坪瑶是"八排二十四冲"中的一个冲，"冲"是八大排分支出去的少于百人的小山村。大坪瑶服饰朴素大方，上装为蓝黑色对襟无领无扣开衫，衣襟、袖口用蓝色贴边装饰，妇女下身穿中筒阔腿裤和绣花围裙搭配，男子多穿长裤。大坪服饰绣花纹样除了常用的大红色绒线外，还喜欢用玫红色的绣花绒线绣制，这是大坪服饰一个比较突出的特点。另一个特点是后背有"T"字绣花领，绣花纹样男女略有不同（图6-1）。

图 6-1　大坪服饰

1—大坪男童服饰　2—大坪妇女平装　3—大坪妇女盛装　4—大坪少女盛装背面　5—大坪男子盛装
6—大坪妇女盛装

第一节 大坪妇女服饰

一、大坪妇女平装

　　大坪妇女平装形制为上衣下裤，上衣为素色无领对襟开衫，衣长盖过臀部，门襟、袖口有蓝色布贴边装饰，腋下侧缝处高开衩，扎黑色腰带。"T"字绣花领是大坪服装的特色，"T"字领的横向和竖向都有精美绣花，一般选择大红色绒线和玫红色绒线绣制。下装为筒形阔腿中裤，宽松有余褶，裆部位置拼接一块底裆布，方便日常劳作，小腿上裹素色脚绑。大坪已婚妇女喜欢戴一顶黑白相间的三角布壳帽。

（一）大坪妇女平装 3D 复原虚拟展示图

　　样本采集于连南瑶族博物馆馆藏服饰。大坪妇女平装 3D 复原虚拟图展示了长上衣、筒形阔腿中裤、黑色腰带三个部分的着装形态。整套服饰为蓝黑色，简单朴素，"T"字绣花领横面绣花纹样以原野纹、大花纹以及两端的半边盘王印图案组成；竖面绣花纹以鱼骨纹作边饰，中间部位有"卐"字盘王印，周边是原野纹、叉形纹、变形花纹组合（图 6-2）。

采集的样本

图 6-2　大坪妇女平装 3D 复原虚拟展示图

（二）大坪妇女平装平面款式图（图 6-3）

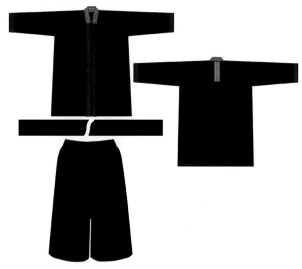

图 6-3　大坪妇女平装平面款式图

（三）大坪妇女平装 CAD 结构图

1. 样本结构制图规格（表 6-1）

表 6-1　样本结构制图规格

上衣尺寸（单位：cm）					
前片衣长	85	后片衣长	85	胸围	124
袖长	39	袖口围	32	袖肥	38
前片下摆围	35×2	后片下摆围	31×2	后背"T"字领	20×7
绣花领长	24～28	绣花领宽	4	腰带布	210×40
裤子尺寸（单位：cm）					
裤长	58	裤腿围	68	底裆贴片	10×10

2. 样本结构制图要点（图 6-4、图 6-5）

（1）"十字形"平面结构。以前、后衣长 170cm 为长，通袖长 140cm 为宽，绘制矩形，长和宽的二等分做辅助线为肩部翻折线和左、右中心线。

（2）在肩部翻折线 31cm 处做侧缝线。

（3）后领深约 2cm，横开领宽 4~6cm，绣花领直裁。

（4）大坪妇女平装裤子结构与军寮妇女平装裤子类似。

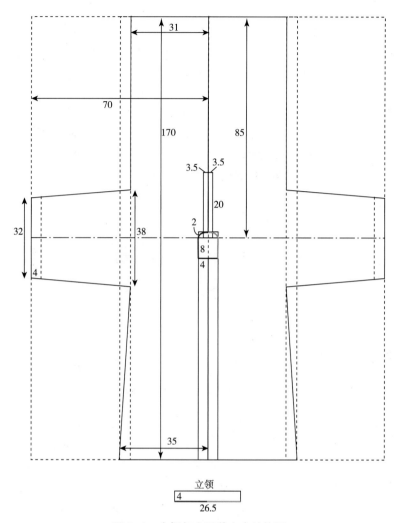

立领
4
26.5

图 6-4 大坪妇女平装上衣结构图

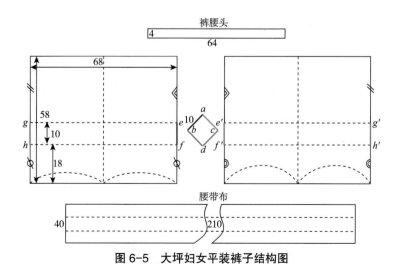

图 6-5 大坪妇女平装裤子结构图

3. 样本裁片图(图6-6、图6-7)

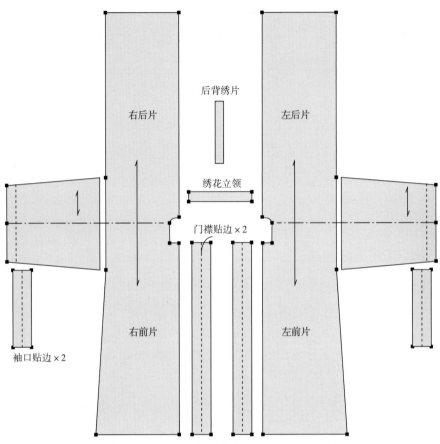

图6-6　大坪妇女平装上衣裁片图(隐藏缝份)

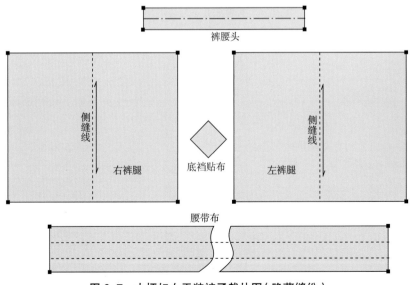

图6-7　大坪妇女平装裤子裁片图(隐藏缝份)

二、大坪妇女盛装

大坪妇女盛装套穿在平装的外面,有绣花上衣与绣花筒裙或者绣花围裙搭配,红色绣花上衣与衣身蓝黑色自染布形成鲜明对比,门襟、袖口有蓝色布贴边。下身穿中筒阔腿裤,裤脚口有白色米粒线绣花装饰,绣花裙长度略短于裤子,系在裤子外边,在腰部位置用白色腰带捆扎固定。

(一)大坪妇女盛装 3D 复原虚拟展示图

样本采集于连南瑶族服饰展演秀场上的着装。大坪妇女 3D 虚拟图展示了绣花上衣、中筒阔腿裤、绣花围裙和白色绣花腰带四个部分的着装形态。上衣袖口处用黑白线绲边,在前胸位置有叉形纹绣花,衣身上有线性的变形花纹和小鸟纹装饰,后背中央绣花是龙尾纹和变形花纹的组合纹。绣花裙纹样则是以扇子纹、龙角纹、原野纹,小鸟纹、森林纹、蛇纹组合为主(图 6-8)。

采集的样本
(图片来源:广东省
服装设计师协会)

图 6-8 大坪妇女盛装 3D 复原虚拟展示图

（二）大坪妇女盛装平面款式图（图6-9）

图6-9 大坪妇女盛装平面款式图

（三）大坪妇女盛装CAD结构图

1.样本结构制图规格（表6-2）

表6-2 样本结构制图规格

上衣尺寸（单位：cm）					
前片衣长	87.5	后片衣长	87.5	胸围	128
袖长	32	袖口围	36	袖肥	40
前片下摆围	36×2	后片下摆围	36×2	绣花领长	50～55
绣花领宽	5				
绣花裙尺寸（单位：cm）					
裙长	57	裙下摆围	67×2		

2.样本结构制图要点（图6-10、图6-11）

（1）"十字形"平面结构。以前、后衣长175cm为长，通袖长152cm为宽，绘制矩形，长和宽的二等分做辅助线为肩部翻折线和左、右中心线。

（2）在肩部翻折线32cm处做袖长。后领深3~3.5cm，横开领宽5~7cm。

124

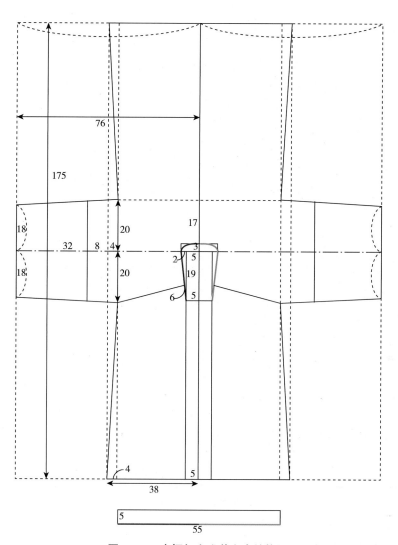

图 6-10 大坪妇女盛装上衣结构图

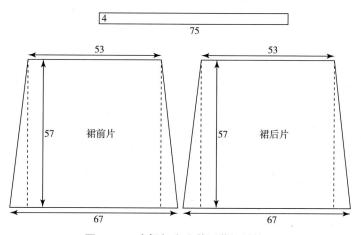

图 6-11 大坪妇女盛装绣花裙结构图

3.样本裁片图(图6-12、图6-13)

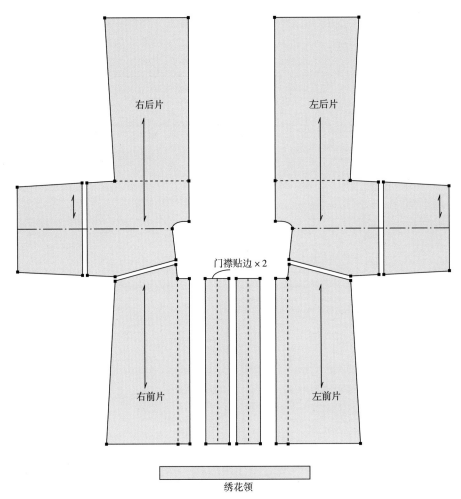

图 6-12 大坪妇女盛装上衣裁片图(隐藏缝份)

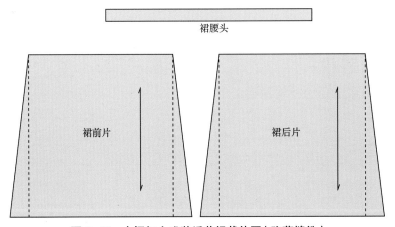

图 6-13 大坪妇女盛装绣花裙裁片图(隐藏缝份)

（四）大坪妇女盛装绣片数字化图解

1. 大坪妇女盛装绣片图形基元（表 6-3）

表 6-3　大坪妇女盛装绣片图形基元

纹样名称	基元图示	纹样名称	基元图示
变形龙尾纹	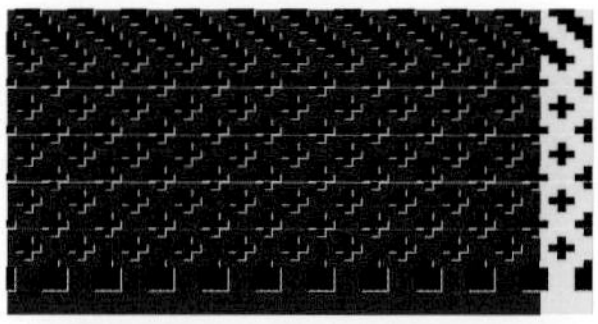 	变形盘王印、花纹的组合纹	
蛇纹与花纹的组合纹		小鸟纹、山纹、蛇纹的组合纹	

2. 大坪妇女盛装绣片形纹组合与应用（表 6-4）

表 6-4　大坪妇女盛装绣片形纹组合与应用

名称	平面图示	3D 应用效果
大坪妇女盛装绣花裙绣片		
大坪妇女盛装绣花裙绣片		

第二节　大坪男子服饰

一、大坪男子平装

大坪男子平装为上衣下裤，平装衣领是"T"字领，横面上有精美绣花，竖面领拼接素色白布。上衣门襟和袖口位置拼贴蓝布并有白色绲边装饰。小腿上不裹脚绑，腰部扎白腰带。大坪男子盛装是在平装的基础上头扎绣花红头巾，装饰鸡毛和雉羽，下穿绣花长裤，外面再套穿短绣花围裙，围裙下摆系铃铛装饰，腰部系红腰带。大坪男子服饰绣花纹样以龙尾纹、蛇纹、小鸟纹、变形花纹为主。

二、大坪男子盛装

（一）大坪男子盛装 3D 复原虚拟展示图

样本采集于连南绣花非物质文化遗产继承人龙雪梅老师著作《瑶族刺绣——连南瑶族服饰刺绣工艺》中的图片。大坪男子盛装 3D 复原虚拟图展示了上衣、绣花长裤、绣花短围裙、绣花红腰带、绣花头巾五个部分的着装形态。衣身为蓝黑色，袖口、门襟均有蓝色镶边和白色绲边装饰，"T"字衣领，横面绣花，竖面为白色贴布。裤子长至脚踝，筒形宽松结构，腰部系短绣花围裙（图 6-14）。

采集的样本
（图片来源：龙雪梅摄）

图 6-14　大坪男子盛装 3D 复原虚拟展示图

（二）大坪男子盛装平面款式图

大坪男子盛装平面款式图如图 6-15 所示。

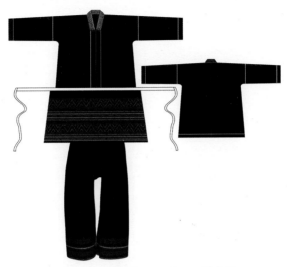

图 6-15　大坪男子盛装平面款式图

（三）大坪男子盛装 CAD 结构图

1. 样本结构制图规格（表 6-5）

表 6-5　样本结构制图规格

上衣尺寸（单位：cm）					
前片衣长	77	后片衣长	77	胸围	132
袖长	40	袖口围	38	袖肥	38
下摆围	37×4	绣花领长	46 ~ 50	绣花领宽	5
裤子尺寸（单位：cm）					
裤长	106	裤腿围	67	立裆	45
绣花围裙尺寸（单位：cm）					
围裙长	45	围裙上边宽	80	围裙下边宽	92

2. 样本结构制图要点（图 6-16~ 图 6-18）

（1）"十字形"平面结构。以前、后衣长 154cm 为长，通袖长 154cm 为宽，绘制矩形，长和宽的二等分做辅助线为肩部翻折线和左、右中心线。

（2）在肩部翻折线 40cm 处做袖长。后领深 3~3.5cm，横开领宽约 7cm。

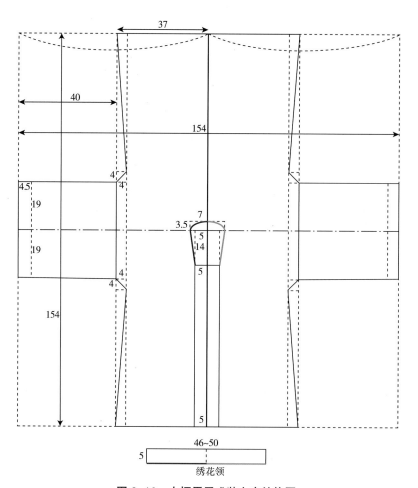

图 6-16　大坪男子盛装上衣结构图

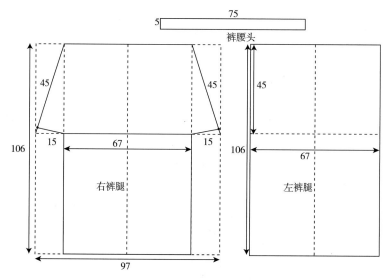

图 6-17　大坪男子盛装裤子结构图

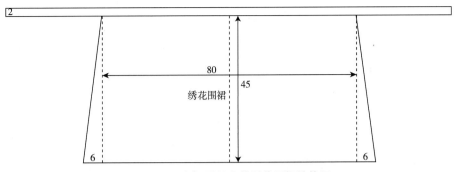

图 6-18　大坪男子盛装绣花围裙结构图

（四）大坪男子盛装绣片数字化图解

1. 大坪男子盛装绣片图形基元（表 6-6）

表 6-6　大坪男子盛装绣片图形基元

纹样名称	基元图示	纹样名称	基元图示
变形龙尾纹		变形花纹	
扭红纹		姑娘纹	
蛇纹、龙角花纹、扇子纹的组合纹		小鸟纹、蛇纹的组合纹	

2. 大坪男子盛装绣片形纹组合与应用（表 6-7）

表 6-7　大坪男子盛装绣片形纹组合与应用

名称	平面图示	3D 应用效果
男子裤子绣片纹样		
围裙绣片纹样		

第三节 大坪儿童服饰

大坪儿童服饰与成年男女服饰基本保持一致，都为对襟无领无扣开衫，"T"字衣领，横面有绣花，衣襟和袖口拼蓝色布。大坪女童扎白腰带，戴银项圈，下穿及膝短裤，款式简洁，无绣花，梳朝天髻，上插白鸡毛戴花，并用红色绒线装饰。男童头戴绣花童帽，下穿绣花阔腿长裤，同样扎白色腰带。

一、大坪男童服饰

（一）大坪男童服饰 3D 复原虚拟展示图

样本采集于广东瑶族博物馆馆藏服饰。大坪男童服饰复原虚拟图展示了上衣、阔腿长裤、白色腰带三个部分的着装形态。对襟开衫的门襟、袖口贴蓝色布边，腋下开衩。"T"字绣花领只绣横面，竖面为白色布贴补。裤口绣花纹样以龙尾纹、扭红纹、变形花纹组合为主，颜色以大红色或者枚红色为主色调，点缀黄色、蓝色和白色（图6-19）。

采集的样本

图 6-19 大坪男童服饰 3D 复原虚拟展示图

（二）大坪男童服饰平面款式图（图 6-20）

图 6-20　大坪男童服饰平面款式图

（三）大坪男童服饰 CAD 结构图

1. 样本结构制图规格（表 6-8）

表 6-8　样本结构制图规格

上衣尺寸（单位：cm）					
前片衣长	53	后片衣长	53	胸围	80
袖长	20	袖口围	24	袖肥	26
前片下摆围	19×2	后片下摆围	20×2	绣花领长 × 宽	24×4
裤子尺寸（单位：cm）					
裤长	48	裤腿围	42	腰围	35

2. 样本结构制图要点（图 6-21）

（1）"十字形"平面结构。以前、后衣长 106cm 为长，通袖长 80cm 为宽，绘制矩形，长和宽的二等分做辅助线为肩部翻折线和左、右中心线。

（2）后领深 1.5~2cm，横开领宽约 4cm。

（3）绣花领长 24~28cm，绣花领高 4~5cm。

3. 裤子缝制说明（图 6-22）

（1）腰带的 ao 线与右裤腿 cd 线缝合，腰带的 ob 线与左裤腿 $c'd'$ 线缝合。

（2）右裤腿的 *de* 线与左裤腿的 *c′ i′* 线缝合。

（3）左裤腿的 *d′ e′* 线与右裤腿的 *ci* 线缝合。

（4）右裤腿的 *ef* 线与左裤腿的 *f′ e′* 线缝合。

（5）右裤腿的 *fg* 线与 *ih* 线缝合（右裤腿内侧缝线）。

（6）左裤腿的 *f′ g′* 线与 *i′ h′* 线缝合（左裤腿内侧缝线）。

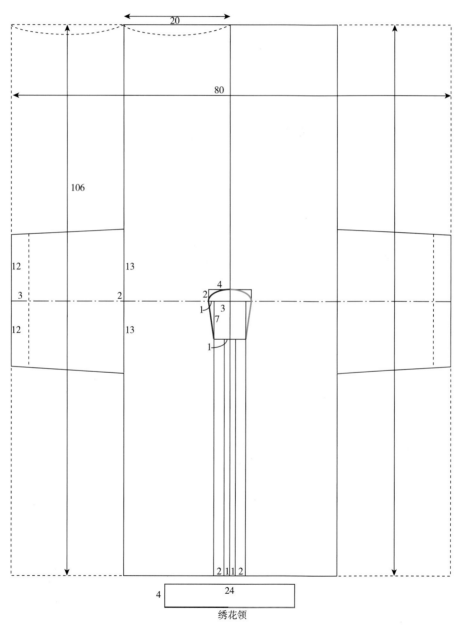

图 6-21　大坪男童服饰上衣结构图

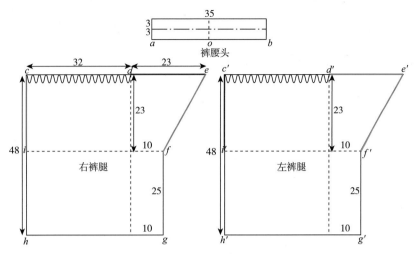

图 6-22 大坪男童服饰裤子结构图

（四）大坪男童服饰绣片数字化图解

1. 大坪男童服饰绣片图形基元（表 6-9）

表 6-9 大坪男童服饰绣片图形基元

纹样名称	基元图示	纹样名称	基元图示
变形龙尾纹		变形花纹	
扭红纹		姑娘纹	

2. 大坪男童服饰绣片形纹组合与应用（表 6-10）

表 6-10 大坪男童服饰绣片形纹组合与应用

名称	平面图示	3D 应用效果
男童裤子绣花		

二、大坪女童服饰

（一）大坪女童服饰 3D 复原虚拟展示图

样本采集于连南瑶族非物质文化遗产瑶绣的传承人龙雪梅老师《瑶族刺绣》著作中的插图。大坪女童服饰复原虚拟图展示了上衣、中筒裤、白色腰带三个部分的着装形态。大坪女童服装为蓝黑色自染布对襟开衫，衣襟、袖口贴蓝色布边，腋下腰部位置开衩，下摆、侧缝、袖子内侧缝、裤口边缘均有白色线迹装饰。"T"字绣花领，横面、竖面均有精美刺绣纹样（图 6-23）。

采集的样本
（图片来源：龙雪梅摄）

图 6-23 大坪女童服饰 3D 复原虚拟展示图

（二）大坪女童服饰平面款式图（图 6-24）

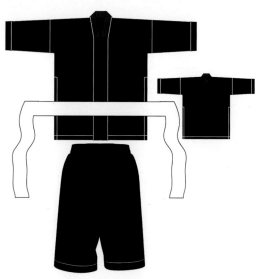

图 6-24　大坪女童服饰平面款式图

（三）大坪女童服饰 CAD 结构图

1. 样本结构制图规格（表 6-11）

表 6-11　样本结构制图规格

上衣尺寸（单位：cm）						
前片衣长	50	后片衣长	50	胸围	80	
袖长	18	袖口围	24	袖肥	26	
前片下摆围	19×2	后片下摆围	20×2	绣花领长×宽	24×4	
裤子尺寸（单位：cm）						
裤长	32	裤腿围	42	腰围	35	

2. 样本结构制图要点（图 6-25）

上衣结构制图要点如下：

（1）"十字形"平面结构。以前、后衣长 100cm 为长，通袖长 80cm 为宽，绘制矩形，长和宽的二等分做辅助线为肩部翻折线和左、右中心线。

（2）后领深 1.5~2cm，横开领宽约 4cm。

（3）衣襟、袖口贴边宽度为 2cm。

（4）绣花领竖面尺寸高约 15cm，宽约 5cm。

3. 裤子缝制说明（图 6-26）

（1）腰带的 *ao* 线与右裤腿 *cd* 线缝合，腰带的 *ob* 线与左裤腿 *c′ d′* 线缝合。

（2）右裤腿的 *de* 线与左裤腿的 *c′ i′* 线缝合。

（3）左裤腿的 *d′ e′* 线与右裤腿的 *ci* 线缝合。

（4）右裤腿的 *ef* 线与左裤腿的 *f′ e′* 线缝合。

（5）右裤腿的 *fg* 线与 *ih* 线缝合（右裤腿内侧缝线）。

（6）左裤腿的 *f′ g′* 线与 *i′ h′* 线缝合（左裤腿内侧缝线）。

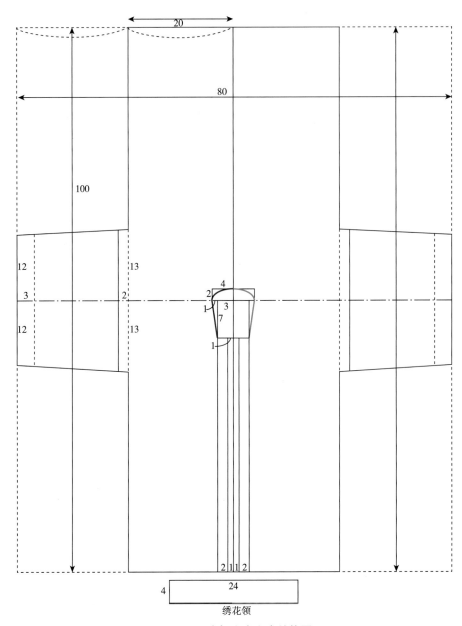

图 6-25　大坪女童上衣结构图

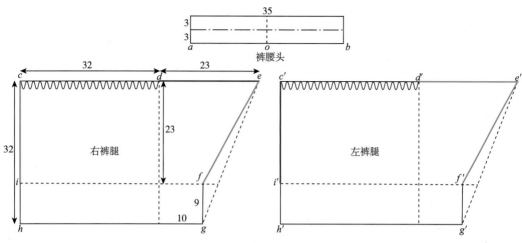

图 6-26 大坪女童裤子结构图

第七章　金坑服饰数字化保护

　　金坑位于连南瑶族自治县境内东北部,山高密林,有"杉都"之称。唐冲、金坑、内田、大龙四个村,合并于三江镇管辖。据《连南县志》记载,明朝崇祯十四年(1641年),受封建官兵围剿,里八峒、火烧排的瑶民迁入大雾山一带结寨居住,以拓荒耕山为生,后又从大雾山迁到附近金坑、内田等地。

　　金坑服饰与其他排瑶服饰类似,但也有自己的特色,尤其喜欢用枚红色绣花线绣制服装。男女服装均为上衣下裤的服装形制,腰部喜欢系绣花短围裙。"T"字绣花衣领纹样与大坪地区很类似。妇女下身穿中筒阔腿裤,裹脚绑,男子下身穿阔腿长裤。男女上衣侧缝线、袖口、裤口边缘处多用绿色线条装饰,这是金坑排瑶服饰很独特的一个地方。金坑少女发髻靠近头顶位置,装饰玫红色绒线、彩珠、四根银簪、两根白色羽毛,头顶缠绕白木通芯(一种植物)。佩戴白木通芯表示是未婚少女的风俗,在大坪镇的军寮村,香坪镇的盘石村、龙水村,三江镇的塘冲村、内田村、大龙村都尚有留存(图7-1)。

图7-1　金坑服饰

1—金坑妇女平装(上衣)　2—金坑妇女绣花裙　3—金坑少女服饰　4—金坑妇女绣花领　5—金坑新娘头饰

6—金坑妇女服饰　7—金坑男童服饰　8—金坑女童服饰　9—金坑新娘装

第一节　金坑妇女服饰

一、金坑新娘装

　　金坑新娘上装为黑色上衣，门襟、袖口有刺绣花边，不穿大红色绣花上衣，但会系一条绣花裙，戴银项圈、绣花银头冠、银耳环、银头钗、银铃铛，尽显娇媚。金坑新郎服饰以黑色为主，红色刺绣作为点缀。

（一）金坑新娘装 3D 复原虚拟展示图

　　样本采集于连南盘王节庆典上参演人员的新娘着装。金坑新娘装 3D 复原虚拟图展示了上衣、阔腿中裤、绣花短围裙、白色腰带四个部分的着装形态。对襟无领无扣上衣，穿着时左片搭右片，衣襟、袖口处有枚红色刺绣花边装饰，"T"字绣花衣领。下身穿直筒阔腿中裤，腰部围一条枚红色绣花围裙，系白色腰带（图 7-2）。

采集的样本

图 7-2　金坑新娘装 3D 复原虚拟展示图

（二）金坑新娘装平面款式图（图 7-3）

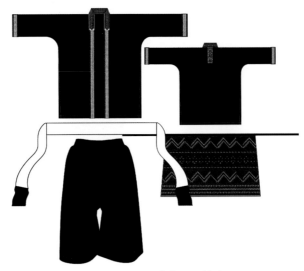

图 7-3　金坑新娘装平面款式图

（三）金坑新娘装 CAD 结构图

1. 样本结构制图规格（表 7-1）

表 7-1　样本结构制图规格

上衣尺寸（单位：cm）					
前片衣长	80	后片衣长	80	胸围	124
袖长	36.5	袖口围	34	后背"T"字领长	20
前片下摆围	25×2	后片下摆围	31×2	后背"T"字领宽	6
绣花领长	40	绣花领宽	5	绣花贴边宽	4.5
绣花裙、裤子尺寸（单位：cm）					
裤长	68.5	裤腿围	70	裆部贴片	8×8
裙长	35	裙下摆围	112	腰带长×宽	83×8

2. 样本结构制图要点（图 7-4 ～图 7-6）

（1）"十字形"平面结构。以前、后衣长160cm为长，通袖长138cm为宽，绘制矩形，长和宽的二等分作辅助线为肩部翻折线和左、右中心线。

（2）横开领宽约3cm，绣花领直裁，尺寸约为40cm×5cm。

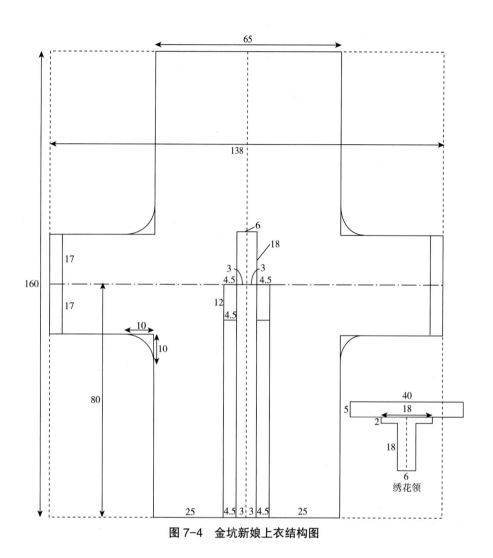

图 7-4　金坑新娘上衣结构图

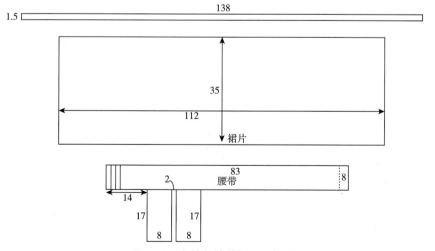

图 7-5　金坑新娘装裙子结构图

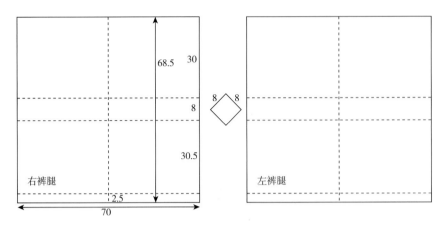

图 7-6　金坑新娘装裤子结构图

二、金坑妇女盛装

　　金坑妇女盛装比新娘装更为隆重，主要表现在上身衣服袖子、肩部和后背采用红色绒线大面积刺绣装饰图案。绣花衣领两端是半边盘王印纹样，中间为原野纹、大花纹的组合。绣花裙纹样以蛇龙花纹、原野纹、大花纹、盘王印为主（图 7-7 ）。

图 7-7　金坑妇女盛装绣花领纹样

（一）金坑妇女盛装 3D 复原虚拟展示图

　　金坑妇女盛装 3D 复原虚拟图展示了绣花上衣、阔腿中裤、绣花短裙、白色腰带四个部分的着装形态。样本围裙绣花纹样主要以小鸟纹、山纹、蛇纹、龙角纹、扇子纹、花纹组合而成（图 7-8 ）。

图 7-8 金坑妇女盛装 3D 复原虚拟展示图

（二）金坑妇女盛装平面款式图（图 7-9）

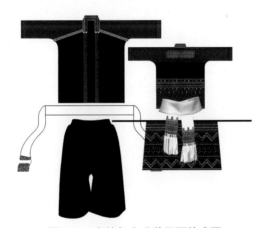

图 7-9 金坑妇女盛装平面款式图

（三）金坑妇女盛装 CAD 结构图

金坑妇女盛装样本结构制图规格与金坑新娘装样本一致。

（四）金坑妇女盛装绣片数字化图解

1. 金坑妇女盛装绣片图形基元（表 7-2）

表 7-2　金坑妇女盛装绣片图形基元

纹样名称	基元图示	纹样名称	基元图示
蛇龙花纹、扇子纹的组合纹		花纹、山纹、日子纹的组合纹	

纹样名称	基元图示	纹样名称	基元图示
扇子纹、盘王印的组合纹		小鸟纹、蛇纹的组合纹	
万字纹盘王印	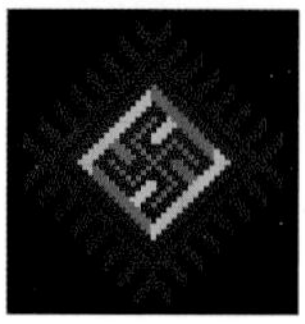	变形花纹、蛇纹、树木纹的组合纹	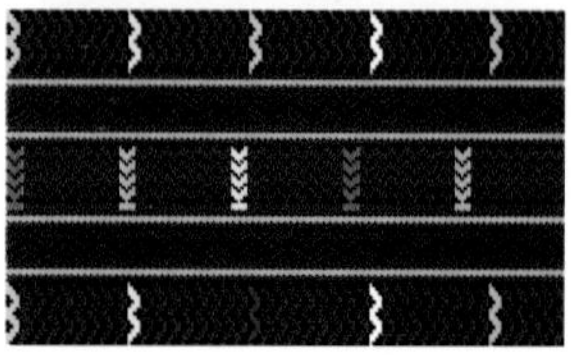

2. 金坑妇女盛装绣片形纹组合与应用效果（表7-3）

表7-3　金坑妇女盛装绣片形纹组合与应用效果

名称	平面图示	3D 应用效果
后背绣片	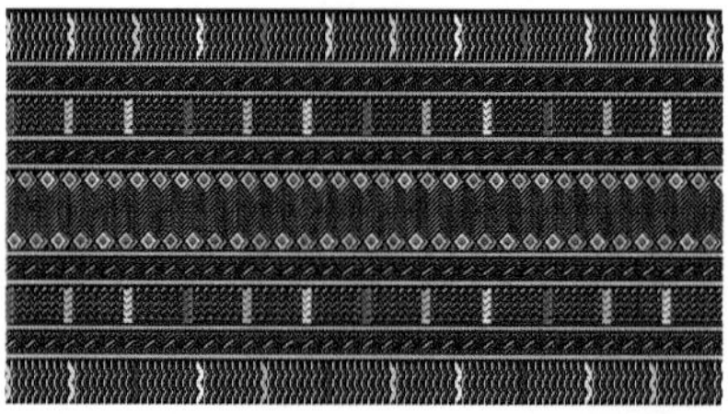	
金坑新娘装绣花裙绣片		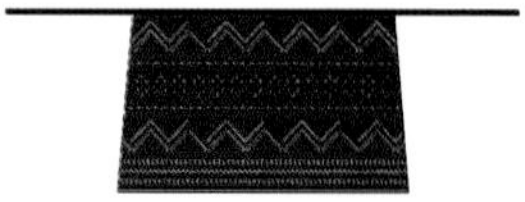
金坑妇女盛装绣花裙绣片		

第二节 金坑男子服饰

金坑传统男子服饰是上衣下裤的服装形制，对襟无领无扣，"T"字绣花领，门襟和袖口用刺绣花边装饰，阔腿长裤至脚踝。盛装会在阔腿裤靠近脚口位置装饰刺绣纹样，腰部系红色绣花围裙，白色腰带固定上下服装，斜跨白底绣花袋。

（一）金坑男子服饰3D复原虚拟展示图

样本采集于连南瑶族非物质文化遗产瑶绣传承人龙雪梅老师著作《瑶族刺绣》中的插图。金坑男子服饰3D复原虚拟图展示了上衣、阔腿绣花长裤、绣花围裙、白色腰带四个部分的着装形态（图7-10）。

采集的样本
（图片来源：龙雪梅摄）

图7-10 金坑男子服饰3D复原虚拟展示图

（二）金坑男子服饰平面款式图

金坑男子服饰平面款式图如图 7-11 所示。

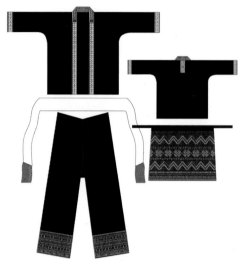

图 7-11　金坑男子服饰平面款式图

（三）金坑男子服饰 CAD 结构图

1. 样本结构制图规格（表 7-4）

表 7-4　样本结构制图规格

上衣尺寸（单位：cm）					
前片衣长	77	后片衣长	77	胸围	132
袖长	40	袖口围	38	后背"T"字领长	20
前片下摆围	30×2	后片下摆围	36×2	后背"T"字领宽	7
绣花领长	42	绣花领宽	5	绣花贴边宽	4.5~5
绣花裙、裤子尺寸（单位：cm）					
裤长	96	裤腿围	76	裆部贴片	10×10
裙长	40	裙下摆围	88		

2. 样本结构制图要点（图 7-12 ～图 7-14）

（1）"十字形"平面结构。以前、后衣长 154cm 为长，通袖长 152cm 为宽，绘制矩形，长和宽的二等分做辅助线为肩部翻折线和左、右中心线。

（2）横开领宽约 6cm，绣花领直裁，尺寸约为 42cm×5cm。

（3）腋下贴片 10cm×10cm。

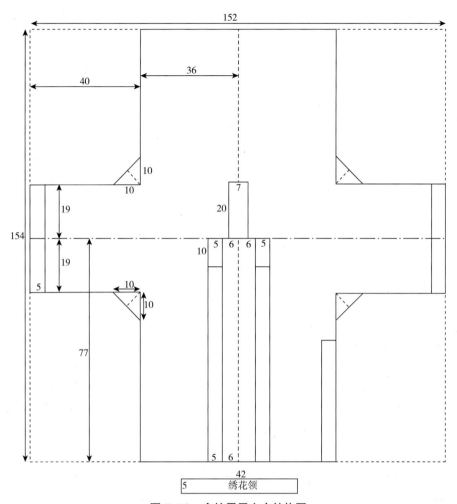

图 7-12　金坑男子上衣结构图

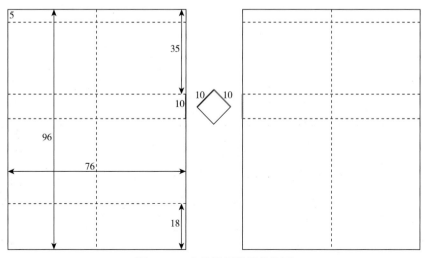

图 7-13　金坑男子裤子结构图

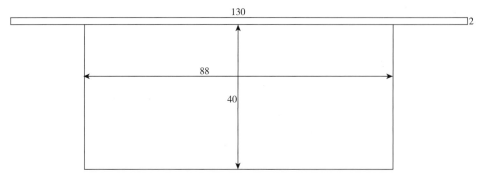

图 7-14 金坑男子围裙结构图

（四）金坑男子服饰绣片数字化图解

1. 金坑男子服饰绣片图形基元（表 7-5）

表 7-5 金坑男子服饰绣片图形基元

纹样名称	基元图示	纹样名称	基元图示
龙尾纹		蛇纹	
树木纹		眼珠子纹、蛇纹、森林纹的组合纹	

2. 金坑男子服饰绣片形纹组合与应用效果（表 7-6）

表 7-6 金坑男子服饰绣片形纹组合与应用效果

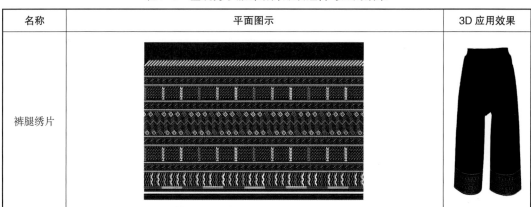

名称	平面图示	3D 应用效果
裤腿绣片		

第三节　金坑儿童服饰

金坑儿童服饰与成人服饰款式大同小异，都是上衣下裤的着装方式。蓝黑色上衣门襟和袖口镶蓝色布边，领襟相连，"T"字绣花领，下身着筒形长裤，宽大舒适。金坑女童盛装会系上围裙，上有精美的绣花纹样，纹样以龙角纹、蛇纹、大花纹、小鸟纹、森林纹组合为主，纹样概括、简练，体现了几何化的特点。

一、金坑男童服饰

（一）金坑男童服饰3D复原虚拟展示图

样本采集于连南瑶族非物质文化遗产瑶绣传承人龙雪梅老师著作《瑶族刺绣》中的插图。金坑男童服饰3D复原虚拟图展示了上衣、长裤、白色腰带三个部分的着装形态。对襟上衣，左搭右，衣襟、袖口镶蓝色边，下摆有绿色绲边装饰。下装为阔腿长裤，腰间系白色腰带（图7-15）。

采集的样本
（图片来源：龙雪梅摄）

图7-15　金坑男童服饰3D复原虚拟展示图

（二）金坑男童服饰平面款式图（图 7-16）

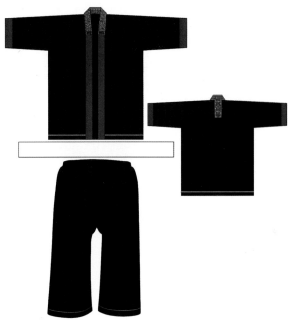

图 7-16　金坑男童服饰平面款式图

（三）金坑男童服饰 CAD 结构图

1. 样本结构制图规格（表 7-7）

表 7-7　样本结构制图规格

上衣尺寸（单位：cm）					
前片衣长	50	后片衣长	50	胸围	76
袖长	17	袖口围	26	绣花领高	4
前片下摆围	18×2	后片下摆围	20×2	绣花领长	26
裤子尺寸（单位：cm）					
裤长	48	裤腿围	42	立裆	23

2. 样本结构制图要点（图 7-17、图 7-18）

（1）"十字形"平面结构。以前、后衣长 100cm 为长，通袖长 74cm 为宽，绘制矩形，长和宽的二等分作辅助线为肩部翻折线和左、右中心线。

（2）横开领宽约 2cm，绣花领直裁，尺寸约为 26cm×4cm。

152

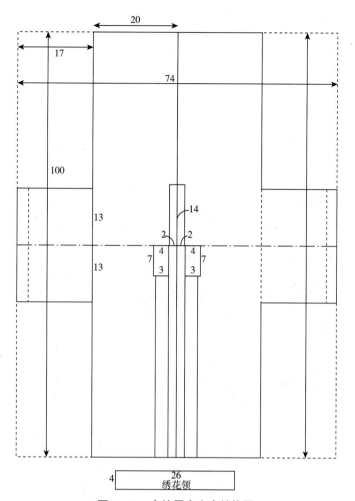

图 7-17　金坑男童上衣结构图

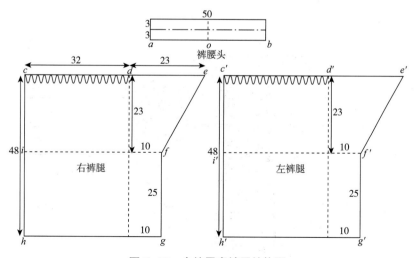

图 7-18　金坑男童裤子结构图

二、金坑女童服饰

（一）金坑女童服饰3D复原虚拟展示图

　　样本采集于连南瑶族非物质文化遗产瑶绣传承人龙雪梅老师《瑶族刺绣》著作中的插图。金坑女童服饰3D复原虚拟图展示了上衣、长裤、绣花围裙、白色腰带四个部分的着装形态。其服饰特点为对襟上衣，右搭左，门襟、袖口蓝色贴边装饰，"T"字绣花衣领，领襟相连，阔腿长裤，系白色腰带。绣花围裙纹样与妇女绣花围裙纹样一致（图7-19）。

采集的样本
（图片来源：龙雪梅摄）

图7-19　金坑女童盛饰3D复原虚拟展示图

（二）金坑女童服饰平面款式图（图7-20）

图7-20　金坑女童服饰平面款式图

（三）金坑女童服饰 CAD 结构图

1. 样本结构制图规格（表 7-8）

表 7-8 样本结构制图规格

上衣尺寸（单位：cm）					
前片衣长	50	后片衣长	50	胸围	76
袖长	20	袖口围	24	绣花领高	4
前片下摆围	18×2	后片下摆围	20×2	绣花领长	30
绣花裙、裤子尺寸（单位：cm）					
裤长	48	裤腿围	42	立裆	23
裙长	28	裙下摆围	60		

2. 样本结构制图要点（图 7-21 ~ 图 7-23）

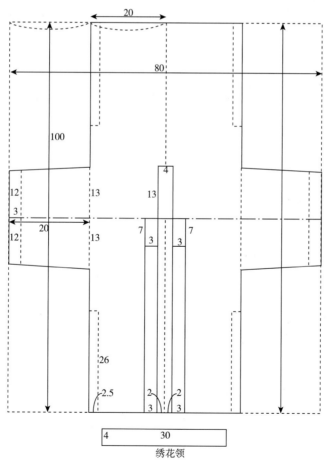

图 7-21 金坑女童上衣结构图

（1）"十字形"平面结构。以前、后衣长100cm为长，通袖长80cm为宽，绘制矩形，长和宽的二等分作辅助线为肩部翻折线和左、右中心线。

（2）横开领宽约2cm，绣花领直裁，尺寸约为30cm×4cm。

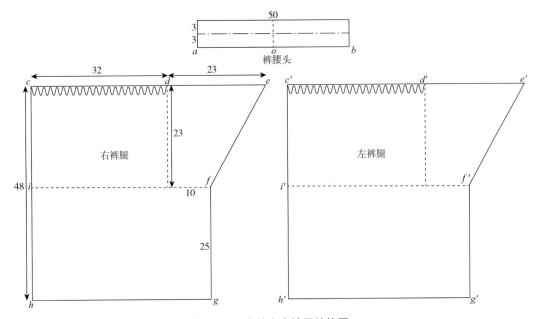

图7-22　金坑女童裤子结构图

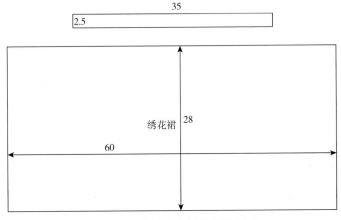

图7-23　金坑女童绣花裙结构图

第八章　香坪服饰数字化保护

　　香坪是瑶民杂居地，主要由大掌排、里八洞排搬迁过来，现在管辖有排肚村、盘石村、唐其儿村、龙水村、七星洞村、香坪村。其服饰与其他排瑶服饰结构基本相似，同样是对襟无领无扣开衫，门襟和袖口有蓝色或者白色布拼接装饰，但侧缝开衩处没有蓝色布拼接。男女服装均为"T"字绣花衣领，在横面和竖面都有精美刺绣纹样。妇女下身穿中筒裤裹脚绑，男子穿长裤，不裹脚绑，男女扎腰带。在头饰方面，妇女喜欢用珠花、鸡毛装饰小布壳帽，或者用黑色、白色头巾包裹发髻，男子扎红色头巾（图8-1）。

图8-1　香坪服饰

1—香坪老年妇女着装　2—香坪妇女平装　3—香坪妇女盛装（1）　4—香坪妇女盛装（2）
5—香坪男子服饰　6—香坪男童服饰

第一节 香坪妇女服饰

一、香坪妇女平装

香坪妇女平装与大坪妇女平装款式造型相同，均为"T"字绣花衣领，横面和竖面均有刺绣纹样，两个地区只是衣领绣花纹样不同。大坪衣领横面绣花由原野纹、大花纹以及两端的半边盘王印图案组成；竖向绣花以单色鱼骨纹、"卐"万字盘王印、原野纹、叉形纹、变形花纹组合为主。香坪衣领横面绣花由变形花纹、叉形纹以及两端的龙角纹图案组成；竖向绣花以多色搭配的鱼骨纹为边饰，中间以日字纹、眼珠子纹、盘王印组合为主。香坪妇女喜欢用红绒线作头饰，插上鸡毛和发簪（图8-2）。

图 8-2 香坪妇女平装

1—大坪妇女平装 2—香坪妇女平装 3—大坪"T"字绣花衣领 4—香坪"T"字绣花衣领

（一）香坪妇女平装 3D 复原虚拟展示图

样本采集于连南瑶族博物馆馆藏服饰，香坪妇女平装 3D 复原虚拟图展示了长上衣、中筒阔腿裤、黑色腰带三个部分的着装形态。对襟无领无扣长上衣盖过臀围线，腋下位置高开衩，门襟和袖口有蓝色布边装饰，"T"字绣花衣领是整件上衣的重要装饰。下身为直筒阔腿中裤，裆部有贴片，能增加活动量，扎黑色腰带，来固定上下服装（图8-3）。

采集的样本

图 8-3　香坪妇女平装 3D 复原虚拟展示图

（二）香坪妇女平装平面款式图（图 8-4）

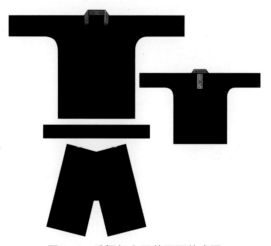

图 8-4　香坪妇女平装平面款式图

（三）香坪妇女平装 CAD 结构图

1. 样本结构制图规格（表 8-1）

表 8-1　样本结构制图规格

上衣尺寸（单位：cm）					
前片衣长	81.5	后片衣长	81.5	胸围	124
袖长	40	袖口围	33	后背"T"字领长	19
前片下摆围	25×2	后片下摆围	31×2	后背"T"字领宽	5~6
绣花领长	36	绣花领宽	4		
裤子尺寸（单位：cm）					
裤长	65	裤腿围	62	裆部贴片	10×10
裤腰头长	68~72				

2. 样本结构制图要点（图8-5、图8-6）

（1）"十字形"平面结构。以前、后衣长163cm为长，通袖长142cm为宽，绘制矩形，长和宽的二等分作辅助线为肩部翻折线和左、右中心线。

（2）横开领宽4~6cm，绣花领直裁，尺寸约为36cm×4cm。

（3）腋下贴补片尺寸为10cm×10cm。

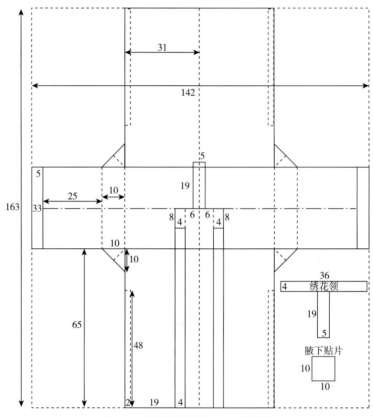

图 8-5　香坪妇女平装上衣结构图

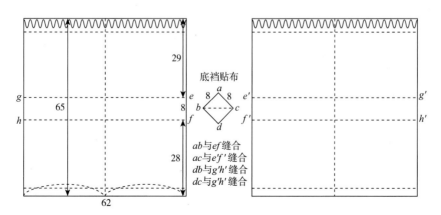

图 8-6　香坪妇女平装裤子结构图

3. 样本 CAD 裁片图（图 8-7、图 8-8）

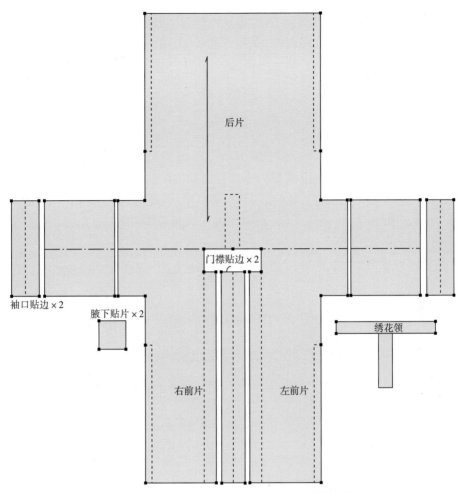

图 8-7　香坪妇女平装上衣裁片图（隐藏缝份）

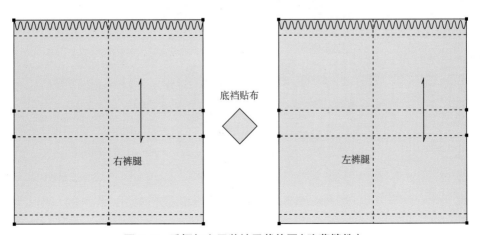

图 8-8　香坪妇女平装裤子裁片图（隐藏缝份）

二、香坪妇女盛装

香坪妇女盛装是上衣下裤配绣花围裙的服装形制,衣服为无扣开襟,通过腰部扎白色腰带固定上下服装。裤子为中筒阔腿裤,长度过膝盖。围裙是一块长方形的黑色布面,下摆处用红色绒线大面积绣花。头戴五角形小布壳帽,上面用银牌、银鼓和珠花装饰。腿部裹绣花脚绑,斜跨白底布绣花袋。

(一)香坪妇女盛装 3D 复原虚拟展示图

样本采集于连南瑶族博物馆馆藏服饰,香坪妇女盛装 3D 复原虚拟图展示了绣花上衣、直筒形阔腿中裤、绣花围裙、白色腰带四个部分的着装形态。上衣绣花用大红色绒线或者枚红色绒线绣制,袖口有红、蓝、白、黑、黄色线锁边,门襟为蓝色布拼接。绣花围裙纹样以龙角纹、蛇纹、变形花纹、眼珠子纹、山纹与蛇纹的组合纹为主。白色绣花腰带布两端的纹样以龙尾纹、变形大花纹、鸡冠纹为主(图 8-9)。

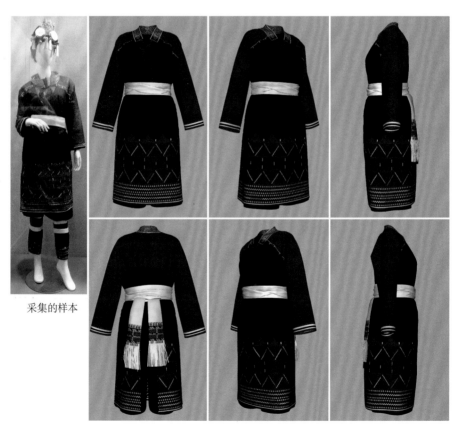

采集的样本

图 8-9 香坪妇女盛装 3D 复原虚拟展示图

（二）香坪妇女盛装平面款式图（图 8-10）

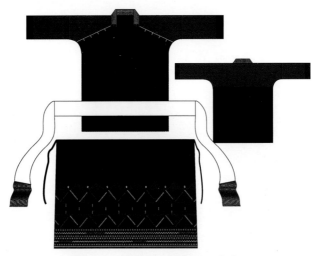

图 8-10　香坪妇女盛装平面款式图

（三）香坪妇女盛装 CAD 结构图

香坪妇女盛装上衣、裤子结构数据与平装上衣、裤子结构数据一致。绣花围裙在前中捏褶，制图规格和结构图如表 8-2、图 8-11 所示。

表 8-2　样本结构制图规格

绣花围裙尺寸（单位：cm）			
围裙长	65	下摆围	80～90

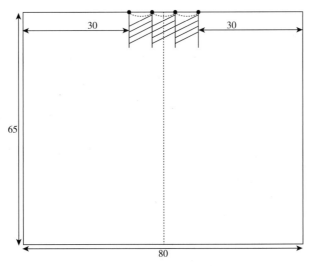

图 8-11　香坪妇女盛装绣花围裙结构图

（四）香坪妇女盛装绣片数字化图解

1. 香坪妇女盛装绣片图形基元（表8-3）

表8-3　香坪妇女盛装绣片图形基元

纹样名称	基元图示	纹样名称	基元图示
龙角纹		龙角纹、蛇纹、扇子纹的组合纹	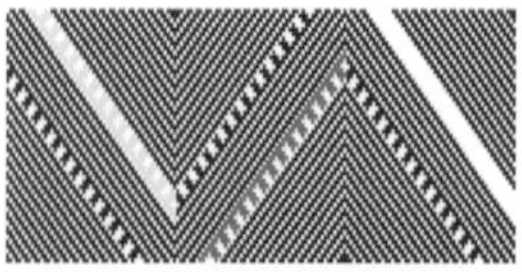
变形龙尾纹	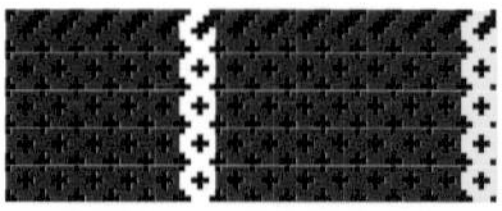	花纹、山纹、蛇纹的组合纹	
飞鸟纹、蛇纹的组合纹		眼珠子纹、蛇纹的组合纹	
叉形纹	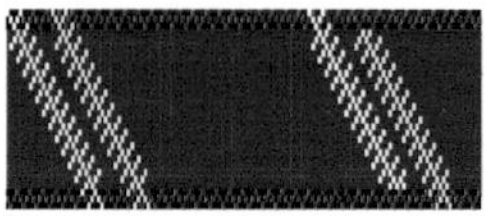	蛇纹、眼珠子纹的组合纹	

2. 香坪妇女盛装绣片形纹组合与应用（表8-4）

表8-4　香坪妇女盛装绣片形纹组合与应用

名称	平面图示	3D 应用效果
少女盛装绣花裙绣片	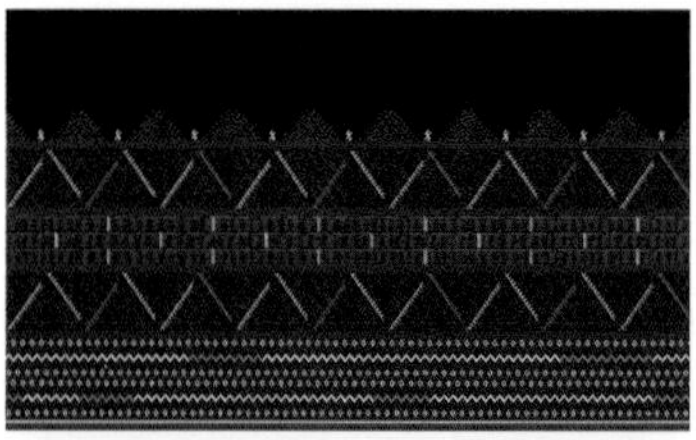	
妇女盛装绣花裙绣片	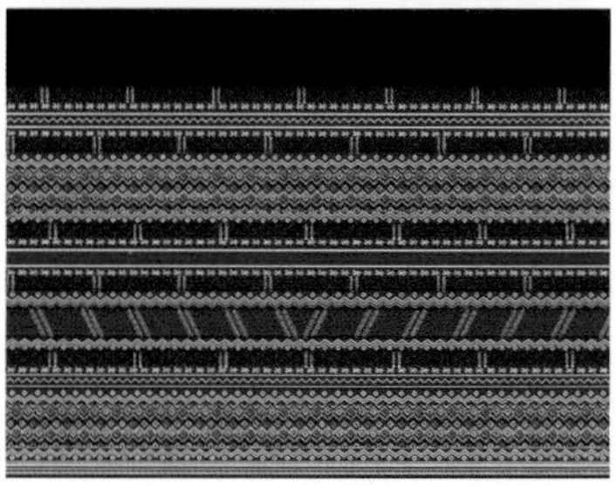	

第二节　香坪男子服饰

香坪传统男子服饰，头扎红色绣花头巾，搭配白色鸡毛或雉鸡羽毛，头巾纹样与盘石男子的头巾相同，脖子上套一个银项圈。男子上衣"T"字衣领纹样有盘王印、鱼骨纹、花纹组合的纹样。上衣为对襟开胸样式，门襟边是由宽 4.5~5cm 的白色布边和宽 0.5cm 的红黄色绳边组成，腰部扎黑色腰带，下身穿阔腿长裤，长度至脚踝，不裹脚绑。

（一）香坪男子平装 3D 复原虚拟展示图

香坪男子平装 3D 复原虚拟图展示了上衣、阔腿长裤、黑色长巾腰带、红色绣花头巾四个部分的着装形态。上衣袖口和门襟用白色贴边，再加上红色、黄色镶边装饰，这是香坪男子服饰最显著的特征，腋下侧缝高开衩，同样是用白色襟边和红黄色襟边装饰。直筒阔腿长裤与女子平装裤子结构一致，裆部有贴片，可增加活动量（图 8-12）。

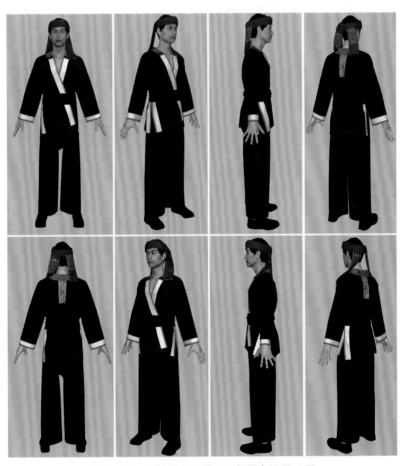

图 8-12　香坪男子平装 3D 复原虚拟展示图

（二）香坪男子平装平面款式图

香坪男子平装平面款式图如图 8-13 所示。

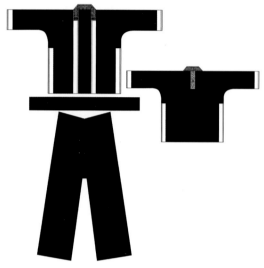

图 8-13　香坪男子平装平面款式图

（三）香坪男子平装 CAD 结构图

1.样本结构制图规格（表 8-5）

表 8-5　样本结构制图规格

上衣尺寸（单位：cm）					
前片衣长	78	后片衣长	78	胸围	140
袖长	40	袖口围	38	后背"T"字领长	20
前片下摆围	29×2	后片下摆围	35×2	后背"T"字领宽	5~6
绣花领长	42	绣花领宽	5~6		
裤子尺寸（单位：cm）					
裤长	96	裤腿围	76	裆部贴片	10×10

2.样本结构制图要点（图 8-14、图 8-15）

（1）"十字形"平面结构。以前、后衣长 156cm 为长，通袖长 150cm 为宽，绘制矩形，长和宽的二等分做辅助线为肩部翻折线和左、右中心线。

（2）横开领宽 5~6cm，绣花领直裁，尺寸约为 42cm×4cm。

（3）腋下贴补片尺寸为 10cm×10cm。

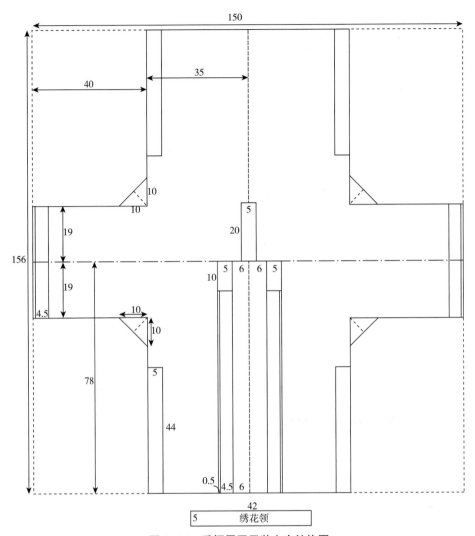

图 8-14　香坪男子平装上衣结构图

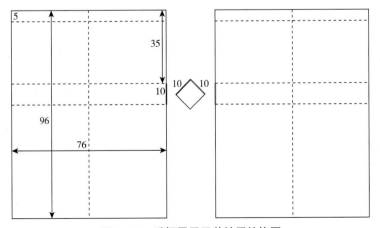

图 8-15　香坪男子平装裤子结构图

3. 样本裁片图（图 8-16、图 8-17）

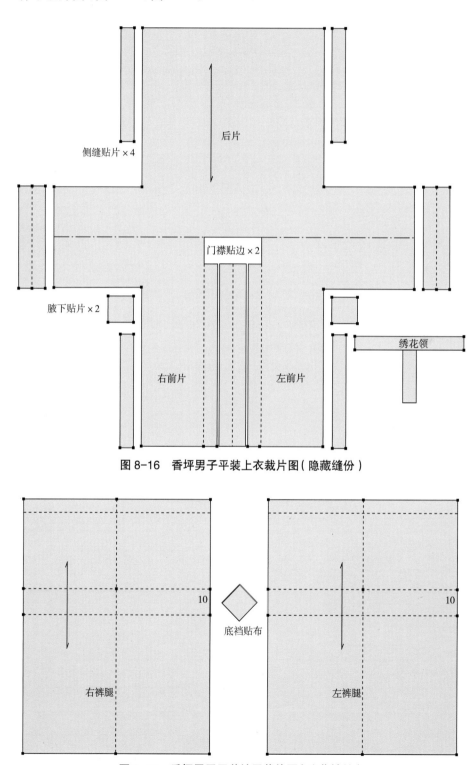

图 8-16　香坪男子平装上衣裁片图（隐藏缝份）

图 8-17　香坪男子平装裤子裁片图（隐藏缝份）

第三节　香坪儿童服饰

香坪儿童服饰保持了成年男女服饰的主要特点，上衣下裤的服饰形制，对襟、无领、无扣上衣，"T"字衣领，横面、竖面都有绣花纹样。男童上衣门襟和袖口为白色布边装饰，下身着长裤，无绣花图案；女童上衣门襟和袖口有刺绣花边装饰，相比更为绚丽，下身穿阔腿中筒裤。

一、香坪男童服饰

（一）香坪男童服饰 3D 复原虚拟展示图

样本采集于连南瑶族非物质文化遗产瑶绣传承人龙雪梅老师的著作《瑶族刺绣》中的插图。香坪男童服饰 3D 复原虚拟图展示了上衣、直筒形阔腿长裤、黑色腰带三个部分的着装形态。蓝黑色自染布上衣在门襟、袖口、腋下侧缝开衩处有白色贴边装饰，"T"字绣花衣领，纹样以龙角纹、大花纹、万字纹、盘王印、鱼骨纹等为主。一片式阔腿长裤，在腰部自然抽褶（图 8-18）。

采集的样本
（图片来源：龙雪梅摄）

图 8-18　香坪男童服饰 3D 复原虚拟展示图

169

（二）香坪男童服饰平面款式图（图 8-19）

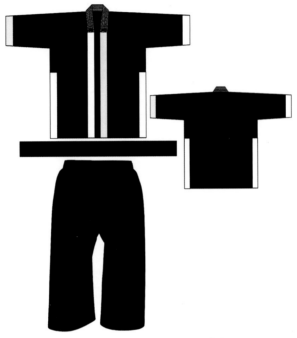

图 8-19　香坪男童服饰平面款式图

（三）香坪男童服饰 CAD 结构图

1. 样本结构制图规格（表 8-6）

表 8-6　样本结构制图规格

上衣尺寸（单位：cm）					
前片衣长	53	后片衣长	53	胸围	80
袖长	17	袖口围	26	绣花领长	32
前片下摆围	18×2	后片下摆围	20×2	绣花领宽	4
裤子尺寸（单位：cm）					
裤长	48	裤腿围	42	腰头长	50

2. 样本结构制图要点（图 8-20、图 8-21）

（1）"十字形"平面结构。以前、后衣长 106cm 为长，通袖长 74cm 为宽，绘制矩形，长和宽的二等分做辅助线为肩部翻折线和左、右中心线。

（2）横开领宽约 2cm，绣花领直裁，尺寸约为 32cm×4cm。

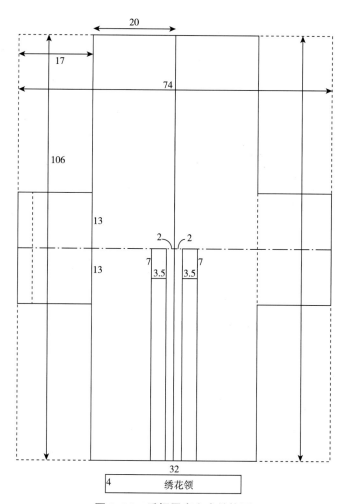

图 8-20 香坪男童上衣结构图

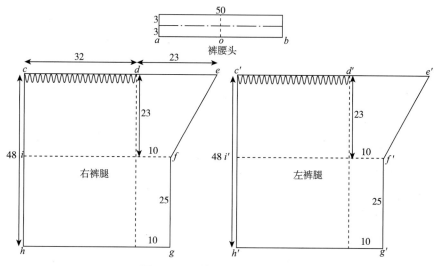

图 8-21 香坪男童裤子结构图

3.样本裁片图(图8-22、图8-23)

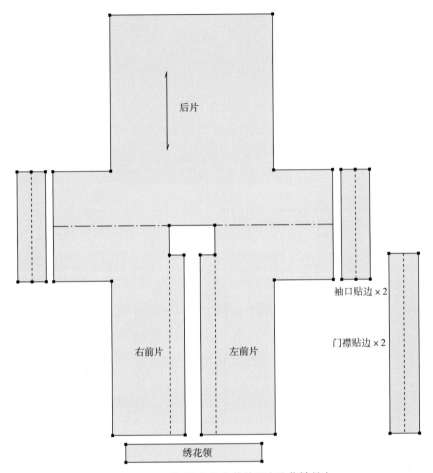

后片

右前片　　左前片

袖口贴边×2

门襟贴边×2

绣花领

图8-22　香坪男童上衣裁片图(隐藏缝份)

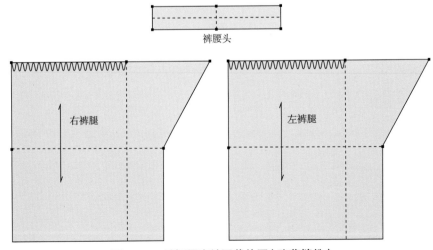

裤腰头

右裤腿　　左裤腿

图8-23　香坪男童裤子裁片图(隐藏缝份)

二、香坪女童服饰

香坪女童的服饰与男童服饰相差不大，只是在装饰细节上有所不同，女童除了"T"字领有绣花纹样外，在上衣门襟、袖口和侧开衩部位都有刺绣花边装饰，衣身其他部位以素色为主。女童下装为中裤，腰部自然抽褶，裤口边有绣花装饰。

（一）香坪女童服饰 3D 复原虚拟展示图

样本采集于连南瑶族非物质文化遗产瑶绣的传承人龙雪梅老师《瑶族刺绣》著作中的插图。香坪女童服饰 3D 复原虚拟图展示了上衣、中裤、白色腰带三个部分的着装形态。上衣较长，盖过臀部，对襟开衫，腋下高开衩，在门襟、袖口、侧缝处贴有绣花边饰。"T"字衣领，其横面、竖面均有绣花纹样。下身为阔腿过膝中裤，裤口边有绣花装饰（图8-24）。

采集的样本
（图片来源：龙雪梅摄）

图 8-24　香坪女童服饰 3D 复原虚拟展示图

（二）香坪女童服饰平面款式图（图 8-25）

图 8-25　香坪女童服饰平面款式图

（三）香坪女童服饰 CAD 结构图

1. 样本结构制图规格（表 8-7）

表 8-7　样本结构制图规格

上衣尺寸（单位：cm）					
前片衣长	50	后片衣长	50	胸围	80
袖长	20	袖口围	24	绣花领长	24 ～ 28
前片下摆围	18×2	后片下摆围	20×2	绣花领宽	4
裤子尺寸（单位：cm）					
裤长	32	裤腿围	42	裤腰头长	50

2. 样本结构制图要点（图 8-26、图 8-27）

（1）"十字形"平面结构。以前、后衣长 100cm 为长，通袖长 80cm 为宽，绘制矩形，长和宽的二等分做辅助线为肩部翻折线和左、右中心线。

（2）横开领宽约 2cm，绣花领直裁，尺寸约为 25cm×4cm。

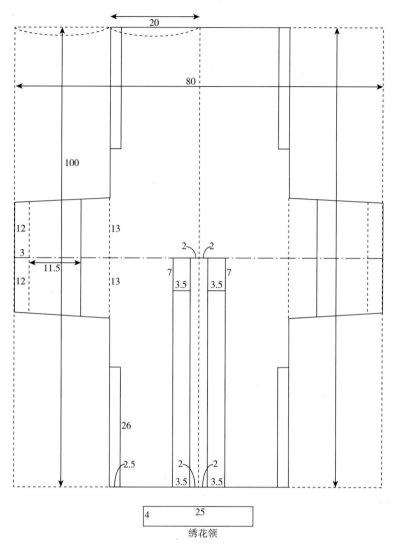

图 8-26 香坪女童上衣结构图

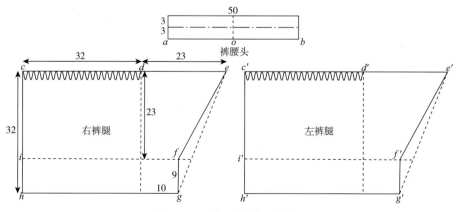

图 8-27 香坪女童裤子结构图

3. 样本裁片图（图 8-28）

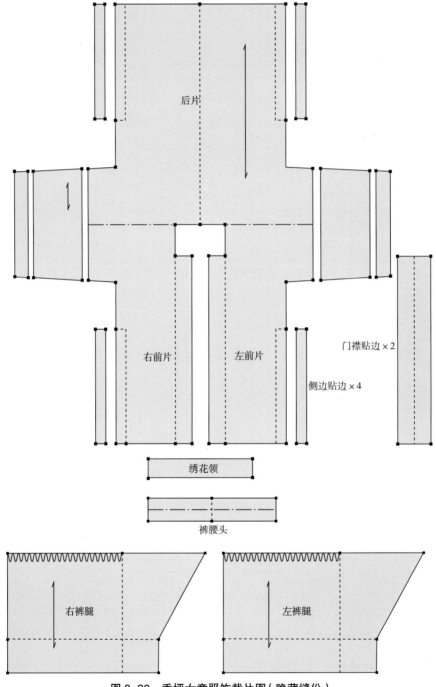

后片

右前片　　　左前片

门襟贴边×2

侧边贴边×4

绣花领

裤腰头

右裤腿　　　左裤腿

图 8-28　香坪女童服饰裁片图（隐藏缝份）

第九章　涡水六联、盘石服饰数字化保护

涡水镇位于连南瑶族自治县境中部，距县城 28 公里，管辖六联村、瑶龙村、涡水村、马头冲村、必坑村、大竹湾村，总人口 7115 人，是最早的排瑶聚居地，距今有 1400 多年历史。除马头冲是东三排的七大冲之一外，其余均属于西五排。涡水大多都是从各地迁过来的移民，因此，服装融合了军寮、大坪、香坪地区服饰特色，尤其与盘石地区服饰特别相似。

涡水六联、盘石男子头戴红头巾，妇女头戴黑色三角巾，上衣是领襟相连的样式，袖口均镶白边，男子上衣衣襟镶白边，妇女衣襟镶蓝边。节日与婚嫁盛装基本都戴冠披巾，围裙绣有华丽的花纹（图 9-1）。

图 9-1　涡水六联、盘石服饰

1—盘石妇女平装　2—盘石妇女服饰　3—盘石男子服饰　4—盘石妇女盛装　5—涡水妇女平装
6—涡水男子盛装　7—涡水妇女盛装

第一节　涡水六联、盘石女子服饰

一、涡水妇女平装

涡水妇女平装为"T"字绣花衣领，横面绣花，竖面用白色布贴补。门襟拼接蓝色布，并有白色窄边绲边装饰，袖口处拼接白色布。涡水少女一般用白木通或者白织布绕发髻，发髻的底脚扎紧，使其显现盘形，并插上银簪和白鸡毛。涡水妇女用黑方帕包紧整个发髻，同样显示为盘形，额上再系一块小黑方巾。

盘石妇女平装同样为"T"字绣花领，与涡水不同的是衣领竖面会绣上龙尾纹和万字纹组合的花纹，门襟用蓝色贴边，无白色窄边绲边装饰，袖口用白色贴边。下身穿阔腿中裤，裹脚绑。用黑头巾包头，呈立方形。盘石妇女盛装除大红色绣花线外，还喜好用枚红色绣花线绣制。

（一）涡水妇女平装 3D 复原虚拟展示图

样本采集于广东瑶族博物馆馆藏服饰。涡水妇女平装 3D 虚拟图展示了长衫、阔腿裤、黑色腰带三个部分的着装形态。上衣下裤的服装形制，上衣衣襟蓝色贴边，袖口白色贴边，腋下衣片独立裁剪，衣服下摆、腋下侧缝处有窄边白色绲边装饰。下身裤子长及脚踝，裤子内侧缝处有窄条白色绲边装饰（图9-2）。

采集的样本

图 9-2　涡水妇女平装 3D 复原虚拟展示图

（二）涡水妇女平装平面款式图（图 9-3）

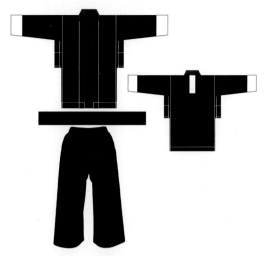

图 9-3　涡水妇女平装平面效果图

（三）涡水妇女平装 CAD 结构图

1. 样本结构制图规格（表 9-1）

表 9-1　样本结构制图规格

上衣尺寸（单位：cm）					
前片衣长	80	后片衣长	80	胸围	118
袖长	45	袖口围	34	后背"T"字领长	18
前片下摆围	20.5×2	后片下摆围	24.5×2	后背"T"字领宽	6
绣花领长	28	绣花领宽	5	袖口贴边宽	10
裤子尺寸（单位：cm）					
裤长	87	裤腿围	70	裆部立裆	40

2. 样本结构制图要点（图 9-4、图 9-5）

（1）"十字形"平面结构。以前、后衣长 160cm 为长，通袖长 139cm 为宽，绘制矩形，长和宽的二等分做辅助线为肩部翻折线和左、右中心线。

（2）横开领宽约 4cm，绣花领直裁，尺寸约为 28cm×5cm。

（3）腋下独立裁片尺寸 20cm×10cm。

3. 样本缝制说明

（1）上衣腋下片 *ae* 线与袖片 *hg* 线缝合，腋下片 *be* 线与袖片 *ij* 线缝合，腋下片 *ac* 线与 *bd* 线缝合。

（2）右裤腿 *bc* 线与左裤腿 *a′ h′* 线缝合，左裤腿 *b′ c′* 线与右裤腿 *ah* 线缝合。

（3）右裤腿 *de* 线与 *hg* 线缝合，左裤腿 *d′ e′* 线与 *h′ g′* 线缝合。

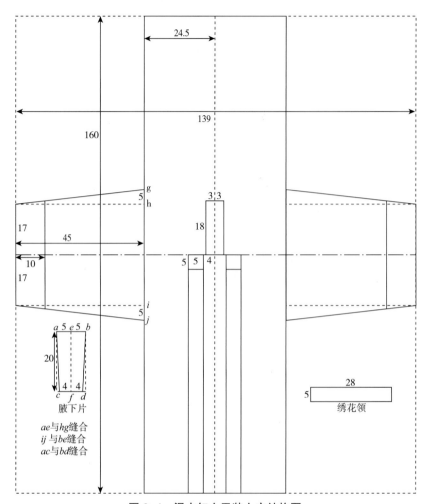

图 9-4 涡水妇女平装上衣结构图

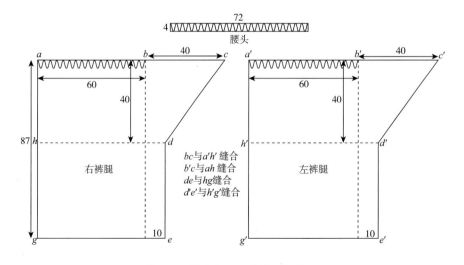

图 9-5 涡水妇女平装裤子结构图

二、涡水妇女盛装

（一）涡水妇女盛装 3D 复原虚拟展示图

样本采集于连南瑶族博物馆馆藏服饰。涡水妇女盛装 3D 复原虚拟图展示了上衣、阔腿中裤、绣花围裙、绣花腰带四个部分的着装形态。绣花红色上衣门襟是蓝色布拼接，袖口用白色绲边固定，系白色绣花腰带，绣花围裙纹样主要有鸡冠纹、龙尾纹、组合变形花纹、森林纹、小鸟纹、蛇纹和扇子纹组合而成（图 9-6）。

采集的样本

图 9-6　涡水妇女盛装 3D 复原虚拟展示图

（二）涡水妇女盛装平面款式图（图 9-7）

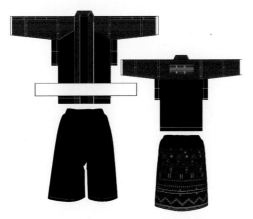

图 9-7　涡水妇女盛装平面款式图

（三）涡水妇女盛装 CAD 结构图

涡水妇女盛装绣花衣的结构数据与涡水妇女平装上衣结构数据一致（表 9-2、图 9-4）。裤子结构制图如图 9-8 所示。裤子缝合方法参照平装裤子缝合技术。

表 9-2　涡水妇女盛装尺寸

上衣尺寸（单位：cm）					
前片衣长	80	后片衣长	80	胸围	118
袖长	45	袖口围	34	后背"T"字领长	18
前片下摆围	20.5×2	后片下摆围	24.5×2	后背"T"字领宽	6
绣花领长	28	绣花领宽	5	袖口贴边宽	10
裤子尺寸（单位：cm）					
裤长	65	裤腿围	70	裆部立裆	40

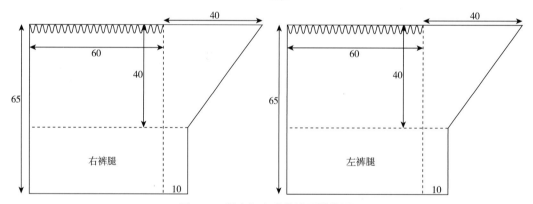

图 9-8　涡水妇女盛装裤子结构图

三、盘石少女盛装

盘石少女服饰与涡水妇女服饰一致，上衣门襟蓝色布边装饰，袖口白色布边装饰，盛装在裤子外边系绣花围裙。在头饰方面有所不同，少女头插羽毛和红色绒线缠绕作装饰，妇女包黑色头巾。

（一）盘石少女盛装 3D 复原虚拟展示图

样本采集于连南瑶族博物馆馆藏服饰。盘石少女盛装 3D 复原虚拟图展示了上衣、阔腿中裤、绣花围裙三个部分的着装形态（图 9-9）。

采集的样本

图 9-9　盘石少女盛装 3D 复原虚拟展示图

（二）盘石少女盛装平面款式图（图 9-10）

图 9-10　盘石少女盛装平面款式图

（三）盘石少女盛装 CAD 结构图

1. 样本结构制图规格（表9-3）

表 9-3 样本结构制图规格

上衣尺寸（单位：cm）					
前片衣长	80	后片衣长	80	胸围	118
袖长	40	袖口围	34	后背"T"字领长	18
前片下摆围	25.5×2	后片下摆围	29.5×2	后背"T"字领宽	6
绣花领长	28	绣花领宽	5	袖口贴边宽	10
裤子、围裙尺寸（单位：cm）					
裤长	65	裤腿围	70	裆部立裆	40
围裙长	68	围裙下摆围	86		

2. 样本结构制图要点（图9-11~图9-13）

（1）"十字形"平面结构。以前、后衣长160cm为长，通袖长139cm为宽，绘制矩形，长和宽的二等分做辅助线为肩部翻折线和左、右中心线。

（2）横开领宽约4cm，绣花领直裁，尺寸约为28cm×5cm。

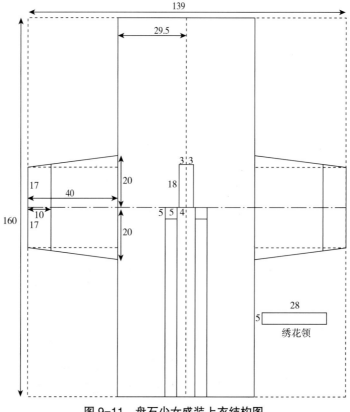

图 9-11 盘石少女盛装上衣结构图

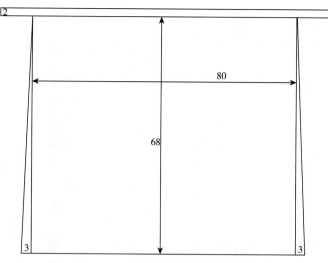

图 9-12　盘石少女盛装围裙结构图

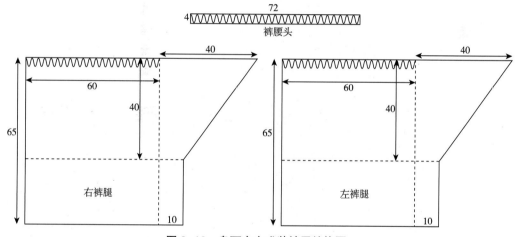

图 9-13　盘石少女盛装裤子结构图

四、涡水六联、盘石女子服饰绣片数字化图解

（一）涡水六联、盘石女子服饰绣片图形基元（表 9-4）

表 9-4　涡水六联、盘石女子服饰绣片图形基元

纹样名称	基元图示	纹样名称	基元图示
鸡冠纹		变形 龙尾纹	

纹样名称	基元图示	纹样名称	基元图示
扇子纹、盘王印的组合纹	 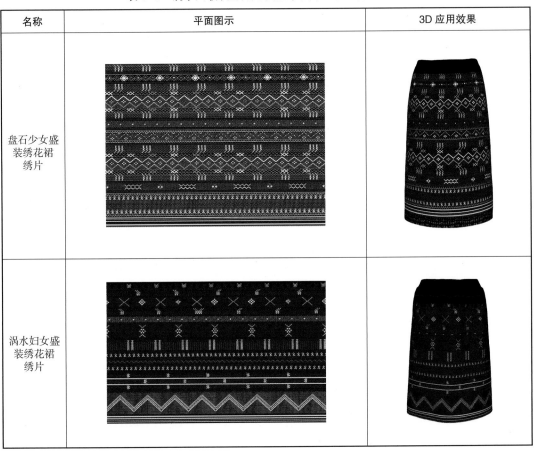	眼珠子纹	
鱼骨纹	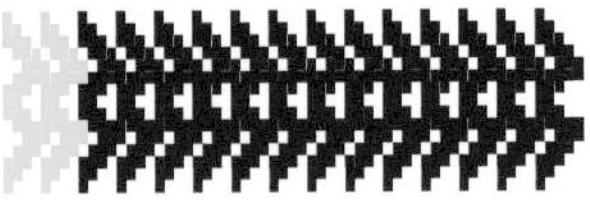	雪花形纹	
眼珠子纹、盘王印与扇子纹的组合纹		小鸟纹、山纹、蛇纹的组合纹	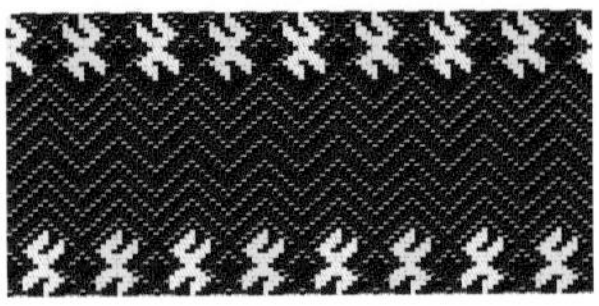

（二）涡水六联、盘石女子服饰绣片形纹组合与应用（表9-5）

表9-5　涡水六联、盘石女子服饰绣片形纹组合与应用

名称	平面图示	3D应用效果
盘石少女盛装绣花裙绣片		
涡水妇女盛装绣花裙绣片		

186

第二节　涡水六联、盘石男子服饰

涡水六联、盘石传统男子头裹红头巾，服饰为蓝黑色土布上衣，无扣开襟，领襟相连，"T"字绣花领横面、竖面均有精美绣花纹样。门襟、袖口和侧开衩镶白边，采用经典的黑白配，扎黑色腰带（盘石男子也有扎白色腰带）。下身穿阔腿素色长裤，宽松舒适，不裹脚绑，盛装裤子脚口边有绣花装饰。

（一）涡水六联、盘石男子服饰3D复原虚拟展示图

涡水六联、盘石男子服饰3D虚拟图展示了上衣、阔腿长裤、黑色腰带、红色头巾四个部分的着装形态。上衣绣花"T"字衣领，门襟和袖口均镶有5cm宽的白色布拼接装饰，并有窄条蓝色包边，阔腿长裤无任何装饰（图9-14）。

采集的样本（1）
（图片来源：网络）

采集的样本（2）
（图片来源：龙雪梅摄）

图9-14　涡水六联、盘石男子服饰3D复原虚拟展示图

（二）涡水六联、盘石男子服饰平面款式图

涡水六联、盘石男子服饰平面款式图如图 9-15 所示。

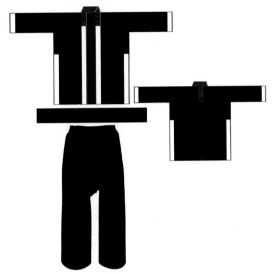

图 9-15　涡水六联、盘石男子服饰平面款式图

（三）涡水六联、盘石男子服饰 CAD 结构图

1. 样本结构制图规格（表 9-6）

表 9-6　样本结构制图规格

上衣尺寸（单位：cm）					
前片衣长	82	后片衣长	82	胸围	132
袖长	40	袖口围	36	后背"T"字领长	20
前片下摆围	31×2	后片下摆围	35×2	后背"T"字领宽	6
绣花领长	38	绣花领宽	4	袖口贴边宽	5
裤子尺寸（单位：cm）					
裤长	98	裤腿围	63	裆部立裆	40

2. 样本结构制图要点（图 9-16、图 9-17）

（1）"十字形"平面结构。以前、后衣长 164cm 为长，通袖长 150cm 为宽，绘制矩形，长和宽的二等分做辅助线为肩部翻折线和左、右中心线。

（2）横开领约 4cm，绣花领直裁，尺寸约为 38cm×5cm。

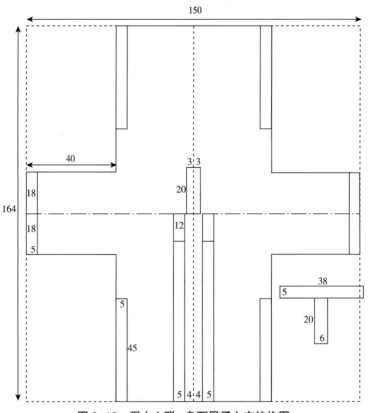

图 9-16 涡水六联、盘石男子上衣结构图

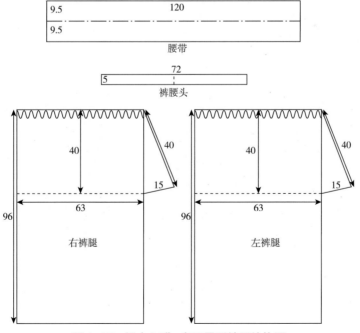

图 9-17 涡水六联、盘石男子裤子结构图

第三节 涡水六联、盘石儿童服饰

一、涡水六联、盘石女童服饰

（一）涡水六联、盘石女童服饰3D复原虚拟展示图

样本采集于连南瑶族非物质文化遗产瑶绣传承人龙雪梅老师著作《瑶族刺绣》中的插图。涡水六联、盘石女童服饰3D虚拟图展示了上衣、裤子、白色腰带三个部分的着装形态。涡水六联、盘石女童在门襟和袖口处均有刺绣花边装饰。"T"字绣花衣领，竖面是白色贴布绣（图9-18）。

采集的样本

（图片来源：龙雪梅摄）

图9-18 涡水六联、盘石女童服饰3D复原虚拟展示图

（二）涡水六联、盘石女童盛装平面款式图（图9-19）

图9-19 涡水六联、盘石女童盛装平面款式图

（三）涡水六联、盘石女童盛装CAD结构图

1.样本结构制图规格（表9-7）

表9-7 样本结构制图规格

上衣尺寸（单位：cm）					
前片衣长	49	后片衣长	49	胸围	76
袖长	20	袖口围	24	后背"T"字领长	15
前片下摆围	18×2	后片下摆围	35×2	后背"T"字领宽	5
绣花领长	25	绣花领宽	4	袖口贴边宽	3
裤子尺寸（单位:cm）					
裤长	32	裤腿围	42	裆部立裆	23

2.样本结构制图要点（图9-20、图9-21）

（1）"十字形"平面结构。以前、后衣长98cm为长，通袖长80cm为宽，绘制矩形，长和宽的二等分做辅助线为肩部翻折线和左、右中心线。

（2）横开领宽约2cm，绣花领直裁，尺寸约为25cm×4cm。

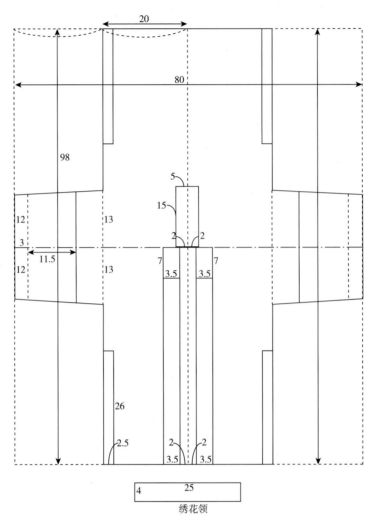

图 9-20　涡水六联、盘石女童盛装上衣结构图

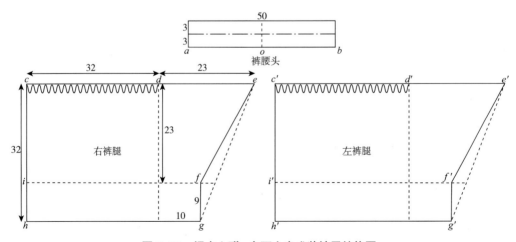

图 9-21　涡水六联、盘石女童盛装裤子结构图

二、涡水六联、盘石男童服饰

（一）涡水六联、盘石男童服饰3D复原虚拟展示图（图9-22）

采集的样本

图9-22　涡水六联、盘石男童服饰3D复原虚拟展示图

（二）涡水六联、盘石男童服饰平面款式图（图9-23）

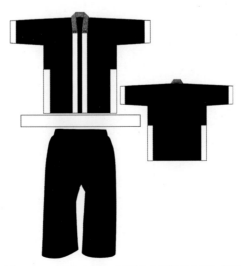

图9-23　涡水六联、盘石男童服饰平面款式图

（三）涡水六联、盘石男童服饰 CAD 结构图

1. 样本结构制图规格（表9-8）

表 9-8　样本结构制图规格

上衣尺寸（单位：cm）					
前片衣长	46	后片衣长	46	胸围	76
袖长	24	袖口围	28	后背"T"字领长	15
前片下摆围	18×2	后片下摆围	20×2	后背"T"字领宽	5
绣花领长	26	绣花领宽	4	袖口贴边宽	3
裤子尺寸（单位：cm）					
裤长	48	裤腿围	42	裆部立裆	23

2. 样本结构制图要点（图9-24、图9-25）

（1）"十字形"平面结构。以前、后衣长 92cm 为长，通袖长 88cm 为宽，绘制矩形，长和宽的二等分做辅助线为肩部翻折线和左、右中心线。

（2）横开领宽约 2cm，绣花领直裁，尺寸约为 26cm×4cm。

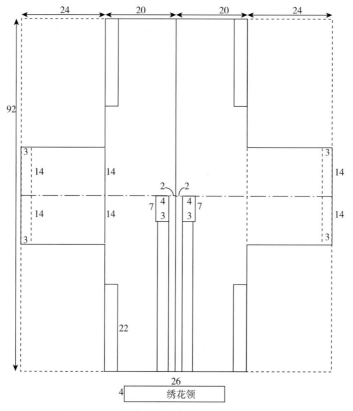

图 9-24　涡水六联、盘石男童上衣结构图

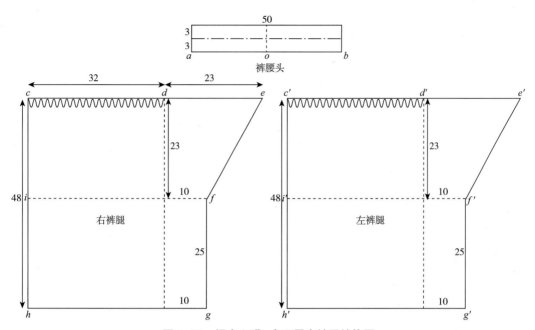

图 9-25　涡水六联、盘石男童裤子结构图

第十章　排瑶服饰数字化虚拟仿真设计实践

　　排瑶传统服饰数字化虚拟复原设计是参照服饰实物及照片利用计算机图形软件技术将排瑶服饰的外观、形态、纹样肌理移植到电子屏幕显示端，适用于服饰数字博物馆虚拟展示中的交互式展示、服装教育教学活动以及专题服饰文化的科普宣传等。虚拟还原仿真设计可以打破传统服饰镜框展示带给受众"不可触摸"和"拒绝式"的体验，可以360°无死角的全景浏览，也可以利用鼠标或手指的滑动对服饰图像进行放大、缩小、移动等操作，观看服饰前、后、左、右、上、下、里、外等各个细节部分，这种交互式的操作可以拉近受众与服饰的接触距离，使之产生亲切感。

　　数字化虚拟展示是一项系统工程，是涉及计算机学、人工智能、图形学、VR 数字技术、VR 虚拟技术、多媒体虚拟技术等多学科的一项综合技术。当前，国内专注于三维数字化重建、数字化虚拟展示技术的四维时代科技公司推出的数字文物在线展示技术都是依靠多个专业技术团队合作与雄厚的资金支持共同完成的综合项目。本书基于服装设计学、图形软件，从低成本、可操作的视角对排瑶服饰的数字化虚拟仿真设计进行实践研究，运用简单、实用、易上手的图形软件和设计开发流程，实现数字化虚拟还原服饰的外观形态，适用于服装教育教学和小型的服装科研需要。

第一节　排瑶服饰虚拟仿真设计的实现路径及设计原则

一、排瑶服饰 3D 复原虚拟仿真设计的实现路径

（一）照片的自动建模

　　排瑶服饰数字化虚拟仿真设计的自动建模是将排瑶服饰多角度拍摄照片，利用计算机 3DSOM 软件进行的自动建模。服饰实体拍照是此种方式的必备条件，将服饰实体作为基础，用专业相机在标定物的配合下 360° 旋转拍摄服饰对象。服饰照片拍摄注意事项：

　　（1）光线：尽量不要让拍摄对象产生背光阴影面，最好在影棚内拍摄。

　　（2）背景：最好选择蓝色或绿色单色背景幕布，后期能用蒙版课使对象轮廓清晰，方便抠图。

　　（3）拍摄方式：如果对象是在固定点上 360° 旋转，一定要使用三脚架拍摄，保持相机不动，直到拍摄结束。

（4）照片数量：对象每旋转 10°~15°，拍摄一张照片为宜，照片越多自动生成的三维模型效果越好，如有刺绣、纹样等细节，还需要拍摄特写照片。

照片采集完成后，利用 3DSOM 软件批量导入照片，逐张照片进行蒙版处理，最后技术合成，完成后以 HTML5 格式（适于网页展示）输出，用浏览器（火狐浏览器）打开可放大、缩小或旋转，如需更多功能，还需要编辑 Java 代码（图 10-1 ~图 10-3）。

图 10-1　在 3DSOM 软件批量导入照片

图 10-2　在 3DSOM 软件中完成抠图

图 10-3　网页端 3D 模型多角度显示

（二）手动三维建模

没有实体服饰，可以通过一些文献记录资料、平面照片，利用服装裁片进行手动三维建模。此种建模方式最大的优势是服饰实物不再是建模的必备条件，可以通过一些文献记录资料、历史照片，借助二维图形软件进行织物设计、纹样设计和服装结构设计后，将服装裁片导入 Marvelous Designer/CLO3D 软件中，通过二维裁片的缝合生成三维服装对象，还原服饰的外观造型，再通过织物物理属性处理，复原服装面料肌理、纹样外观等形态。此种建模路径是本书研究的重点（技术流程见本章第三节）。

二、排瑶服饰虚拟仿真设计原则

（一）原貌再现原则

民族服饰是具有艺术价值和科学价值的文化载体，能够反映不同时期不同区域的政治、经济、科技、文化、艺术和民俗，是研究社会发展、历史文化、科学技术的重要媒介与载体。因此民族服饰仿真设计的首要原则是"原貌再现"，客观、理性、如实地复原服饰的原本面貌。为了确保排瑶服饰外观形态的高度复原，在前期过程的实地考察、资料收集与整理阶段需要做很多细致的工作。除了拍摄照片、查阅文献、走访深山瑶民之外，还需要对服装外观造型进行测量，主要包括衣长、袖长、裤长、胸围、领围、袖肥、腰围、裤口宽、裙下摆围以及绣花纹样大小、绣花位置等细节。对于肉眼无法分辨的细节内容甚至需要放大观察其内在的结构与外观形态，最后通过实验的"制样"来检测研究其存在的合理性。

（二）面料织物仿真原则

织物外观的颜色、肌理、图案、纹样以及织物软硬、悬垂、褶皱的处理如果不到位，将会在很大程度上削弱观者对服饰的认可程度，因此，实现面料织物的"仿真"是复原服饰的核心内容。一般情况下，可以分为三个阶段处理。首先是对实物服装面料进行高清拍照获取第一手织物外观形态图片，或者通过查找文献获取织物形态图片，有条件的再用面料测量仪对面料属性进行测量，记录面料属性相关数据；其次是借助二维平面软件（Aodobe Illustrator、CorelDRAW、Photoshop）处理织物的颜色、纹理、图案和纹样后输出图片；最后在三维软件（Marvelous Designer、CLO3D）中导入织物图片，有面料属性数据的需要一并导入，没有面料属性数据的，需要在软件中反复调整织物经纬纱的强度、缩率、张力、弹力等物理属性参数，处理织物的厚薄、软硬和悬垂感。

（三）多角度展示原则

服饰的数字化虚拟仿真设计不同于服饰在特定空间下单一形式的静态展示，借助计算机技术可以实现屏幕端的 360° 的全景浏览，可以利用鼠标或手指的滑动对服饰图像进行放大、缩小、移动等操作，近距离观看文物服饰的前、后、左、右、上、下、里、外等各个部分的细节；还可以通过虚拟走秀动态的设定，满足观者对服饰观赏的动态展示需求。

（四）实现途径的简单、适用原则

服饰的仿真设计不同于系统工程的虚拟展示，最大的优势在于实现途径简单、适用，尤其适合有一定服装专业背景，运用 Aodobe Illustrator、CorelDRAW、Photoshop 等通用的图形软件，再结合 Marvelous Designer、CLO3D 三维软件，便可以完整地实现服饰的数字化虚拟仿真设计，对于服装的教育教学和科研活动有着非常积极的作用（表 10-1）。

表 10-1 数字化虚拟仿真设计软件系统

开发软件	对象	内容	效果
Illustrator（2D）或 CorelDRAW（2D）	平面图形设计与绘画	款式、纹样、图案设计表达	输出格式为 png，分辨率不少于 300
Photoshop	织物外观形态设计绘画	视觉肌理、质感表达	良好的织物外观形态
Modaris、富怡 CAD	样本二维 CAD 制板	纸样结构设计，裁片处理	数据准确，结构翔实
Marvelous Designer、CLO 3D	样本三维建模	2D 样板生成与缝合、衣纹褶皱处理、织物贴图、3D 服装效果	实现 360° 全景浏览

第二节 排瑶服饰虚拟仿真设计的开发流程

一、排瑶服饰资料的采集

在广东瑶族博物馆，排瑶服饰采用的是橱窗陈列展示，由于文物服饰的特殊性，不允许触摸，课题组只能隔着玻璃橱窗进行拍摄，为了后期虚拟仿真设计的顺利开展，除了远距离整套服饰的拍摄之外，还需要获取服装更多的细节照片，因此需要将镜头贴着玻璃橱窗，近距离高精度地拍摄服装领口、袖口的造型，肩线处、腋下结构的处理细节，绣花纹样各部分细节等。

（一）服装基础数据测量

在整个历史演变与沿袭的过程中，排瑶服饰在样式结构、工艺手法、纹样绣制、色彩搭配方面继承度较高。当代连南瑶民很好地保留着穿着本民族服饰的习惯，尤其是在节假日，各排瑶民男女老少都会穿上五彩斑斓的节日盛装。在博物馆内无法获取的服装尺寸，通过量取当地瑶民的服饰得以解决。

服装基础数据的测量包括长度和围度两个方面。长度包括衣长、袖长、裤长、裙长、绣花纹样的长与宽；围度包括胸围、领围、肩宽、袖肥、袖口宽、腰围、臀围、裤口宽、裙下摆围等内容。这些基础数据的测量和获取对于服装数字化 CAD 结构设计非常关键。

（二）服装色彩数据采集

色彩的正确与否，对排瑶服饰虚拟仿真程度的高低有直接影响。考虑到不同显示屏对颜色呈现的差异，本研究在色彩数据采集过程中运用了色彩检测仪，直接在服饰上读取色彩。通过色彩检测仪记录每一个色彩对应的潘通色号，以及潘通色号对应的 C、M、Y、K 数值。在后续的仿真设计过程中，只需导入所采集的色彩数值，便可以确保虚拟对象与实物对象的色彩相同。

二、排瑶服饰样本的筛选与确定

排瑶服饰种类很多，从地域上分有油岭、南岗、大麦山、军寮、大坪、香坪、金坑、涡水六联、盘石等服饰，每个地方的排瑶服饰又包括男、女、童的平装和盛装，在众多排瑶服饰中，本节以极具代表性的油岭盛装为例。油岭男女老少都穿无领无扣对襟衫，白棉布圆形托肩、在衣门襟和衣袖口用蓝靛布边装饰。妇女盛装最大的特点是绣花以马头纹、龙角纹为主，搭配原野纹、桥梁纹、大花纹、树木纹等花纹；男子盛装头戴红头巾、腰部系红腰带，披肩上由盘王印刺绣图案拼接而成，并装饰银牌、银鼓、银铃，下身着绣花裙和绣花裤，腿绑绣花带；男童盛装头戴绣花帽，腰系红腰带，下身着绣花裤。本节选择油岭妇女盛装作为三维虚拟仿真样本（表 10-2）。

表 10-2　虚拟仿真设计油岭服饰样本　　　　　　　单位：cm

		W-YLSZ001 油岭妇女盛装		M-YLSZ001 油岭男子盛装		M-YLSZ002 油岭男童盛装
尺寸数据	衣长	85	衣长	75	衣长	41
	通袖长	128	通袖长	146	通袖长	78
	袖长	54.5	袖长	56	袖长	27
	袖口围	32	袖口围	42	袖口围	24
	前片下摆围	64	前片下摆围	70	前片下摆围	41
	后片下摆围	66	后片下摆围	70	后片下摆围	41
	裙长	60	裙长	70	裤长	33
	裙下摆围	120	裙下摆围	150	裤口宽	44

	PANTONG 色号	色名	CMYK 模式	RGB 模式
色彩数值	11-4300 TPX	白色	C：9% M：6% Y：11% K：0	R：238 G：238 B：230
	19-0508 TPX	蓝黑色	C：77% M：70% Y：69% K：35	R：62 G：63 B：62
	18-1561 TPX	红色	C：20% M：90% Y：87% K：0	R：213 G：57 B：44
	18-4051 TPX	蓝色	C：87% M：64% Y：12% K：0	R：39 G：96 B：167

三、排瑶服饰图形的数字化处理

（一）款式与纹样绘制

平面款式图是服装 CAD 制板的重要依据，必须达到比例准确、线条规范、细节清晰的绘制要求。油岭女式盛装的款式分析：整体色彩以黑色、红色为主，纹样一般是在黑色底布上用大红或者深红的绒丝线进行刺绣，无领无扣的对襟绣花上衣用白色腰带缠绕固定，下身穿黑色阔腿过膝中裤搭配绣花裙或者绣花围裙，小腿裹绣花脚绑，斜挎绣花袋。上衣袖口和前门襟处通常有 3cm 的蓝色镶边装饰。由于个人喜好的原因，不同个体的绣花上衣略有差异，主要表现在绣花领的长度以及绣花纹样不同的单元组合。长绣花领可达 80cm，短绣花领只有 47cm；有的绣花上衣在前胸位置有单马头纹刺绣，有的在后背中间有树木纹、小草纹、桥梁纹。绣花围裙，主要有马裙和龙裙两种，马裙是以单马头纹、双马头纹为主的绣花裙，龙裙是以龙角纹、树木纹、姑娘纹、原野纹为主的绣花裙（图10-4）。

图 10-4 油岭妇女盛装龙裙平面款式图

排瑶服饰上的刺绣纹样由多种不同类型的独立纹样组合而成，常用的有马头纹、龙角纹、牛角纹、姑娘纹、原野纹、花纹、森林纹、树木纹、小鸟纹、蛇纹、桥梁纹、松果纹、鸡冠纹、眼珠子纹等。对于这种规则的纹样，可以运用 Adobe Illustrator 软件对服饰织物的纹样形态、色彩组合、质感肌理进行写实绘画。为了方便后续贴图，纹样的绘制必须严格保持虚拟对象与原始实物在比例、尺度的切合，尽量消除数据误差。以油岭妇女盛装上的龙裙绣片绘制为例。首先拆分图形基元，根据实物分解出绣片是由龙角纹、桥梁纹、树木纹、小鸟纹、牛角纹、姑娘纹、原野纹等组合而成，将整幅刺绣拆解成不同基元纹样。接着放大绣片实物图，细数每一排组合是由多少个形纹单元组成。通过 Adobe Illustrator 软件，建立矩形网格，以 3 个格子为 1 针，在设定的 1∶1 尺度内按照服饰实物的样式，组织、排列、组合网格并进行颜色填充，在去掉网格的轮廓颜色后逐个绘制图案，形成为完整的绣片图。最后导入实物的 CMYK 色彩数值进行颜色替换，并视实际情况适当添加一些纹理或者粗糙效果，使虚拟绣片产生与实际绣片神形皆似的感觉。

（二）龙裙刺绣纹样分解（表 10-3）

表 10-3　龙裙刺绣纹样分解

名称	基元图示	油岭妇女盛装绣花裙上的刺绣组合纹样
龙角纹		
桥梁纹		
树木纹		
小鸟纹		
牛角纹		
姑娘纹		
原野纹		

（三）服装 CAD 制板

制板即结构设计，是服装二维向三维转化过程中的技术环节，结构设计中的每一个数据都会直接影响服装三维呈现的最后状态，也是确保虚拟仿真设计与文物服饰原貌是否一致的关键技术，因此，服装结构设计必须建立在测量数据的基础上，保持与文物服饰尺寸数据的一致性。

运用平面直线裁剪法进行油岭妇女盛装的 CAD 制板，以前、后衣长 170cm 为长，通袖长 128cm 为宽做矩形，以长、宽的二等分做十字辅助线，横向辅助线为肩部翻折线，纵向辅助线为衣身中心线。衣身前、后衣片在肩部连裁，前短后长，前片衣长比后片衣长短 26cm。门襟蓝色布贴边 3cm，衣身后中线断开裁剪。在肩部翻折线上 9.5cm 处挖出领围线，绣花领直裁。一片式筒袖，落肩，袖口蓝色布贴边，如图 10-5 所示。

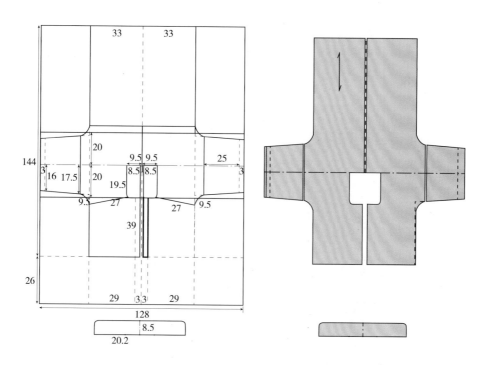

图 10-5　油岭妇女盛装上衣结构图与裁片图

第三节　排瑶服饰虚拟仿真设计的三维建模

本书中的服装三维建模案例是基于 Marvelous Designer 软件技术得以实现，下面将以油岭妇女盛装 3D 建模为例，详细阐述文物服饰虚拟仿真设计的技术流程。

一、二维结构向三维样板的转换

导入二维结构图。启动 Marvelous Designer 5.5 软件，新建一个文件，打开一个虚拟模特，或者导入一个由 3DMax、MAYA 制作的 .obj 格式文件的人体模型。

在 2D 视窗中，选择【多边形】工具绘制一个 128cm × 170cm 的长方形，在【属性编辑器】中将透明度设置为 50%。通过【添加纹理】命令将服装裁片图导入长方形中，如图 10-6 所示。

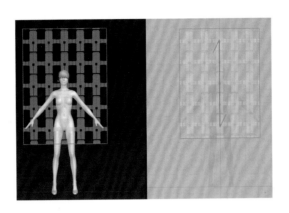

图 10-6　导入裁片图

在 2D 视窗中，选择【编辑纹理】工具，在长方形中拖动裁片图，放大至适合长方形的大小，如图 10-7 所示。

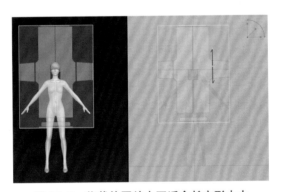

图 10-7　将裁片图放大至适合长方形大小

在 2D 视窗中描摹裁片。在【物体窗口 / 织物窗口】中增加一块织物，颜色任意设置（此处为白色）。选择【多边形】工具，沿着被置入的裁片图描摹轮廓生成新的样板。需要注意的是，在描摹过程中，单击鼠标左键是直线连接，绘制弧线则需要配合【Ctrl】键，对称形的样板则采用复制后"镜像对称粘贴"的方式生成，如图 10-8 所示。

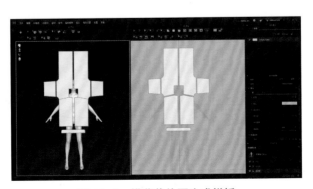

图 10-8　描摹裁片图生成样板

在 3D 视窗中打开【显示安排点】命令，依次选中袖子样板，分别点击左、右上臂安排点，使袖子贴合胳膊，此时袖子即由二维平面转换成三维围裹状态。接着选中前片，分别点击左、右胸部安排点，使前片贴合人体胸部曲度。重复操作，完成所有样板与人体对应安排点的匹配操作，如图 10-9 所示。

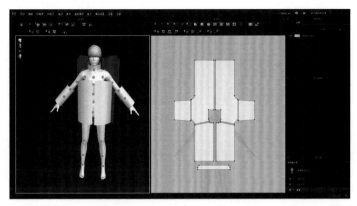

图 10-9　匹配样板与人体安排点

二、样板的虚拟缝合

（1）在 2D 视窗中选择【自由缝纫】工具，将后中线、袖窿线、腋下侧缝线、前中线、领子样板与领口线进行连接缝合，在连接缝纫线的过程中要准确对位，如图 10-10 所示。

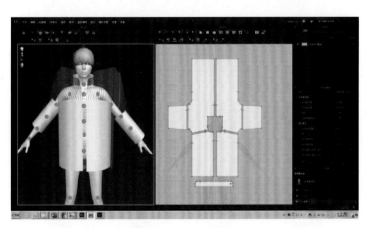

图 10-10　自由缝纫

（2）在确保所有缝纫位置都准确无误后，执行 3D 视窗中的【模拟】命令，在模拟运算的过程中，可以拖动鼠标不停地拉扯服装，使其能较为顺畅地附贴在模特身上，避免服装穿透或离开人体。模拟运算缝合结束后，在肩部、前门襟位置打上固定针，将对象固定，如图 10-11 所示。

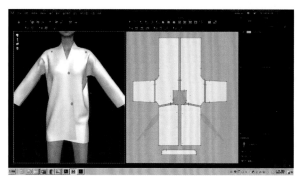

图 10-11　模拟运算缝合

（3）细节调整与颜色填充。首先对照实物，在 2D 视窗中，用"编辑样板"工具调整衣服的长度、袖子的宽窄及下摆的围度，视觉上尽量使虚拟对象与实物照片保持一致。接着填充颜色。打开【织物窗口 / 颜色】，弹出颜色面板，在颜色面板中输入与实物图片颜色 CMYK 对应的数值，颜色即被填充在服装上，如图 10-12 所示。

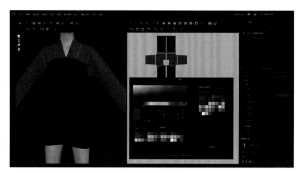

图 10-12　填充颜色

（4）添加门襟及袖口装饰边。在 2D 视窗中，选中前中线，鼠标右键单击执行【内部线间距】命令，设置参数为 3cm，添加内部线。选中内部线，鼠标右键单击执行【剪切缝纫】命令，将对象断裁，重复操作，断裁袖口装饰边，替换颜色为蓝色，如图 10-13 所示。

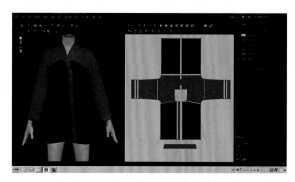

图 10-13　添加门襟及袖口装饰边

三、花型及纹样贴图

通过【添加织物】增加领子与后背的绣花纹样,运用【编辑纹理】命令,在胸部添加马头纹刺绣纹样,同时要根据实际情况调整纹样的尺寸大小。

面料属性参数调整。根据服装实物的面料特征,在织物的物理属性中调整面料的材质、厚度、经纬纱线的强度、张力、变形率和密度等各项参数(图10-14)。

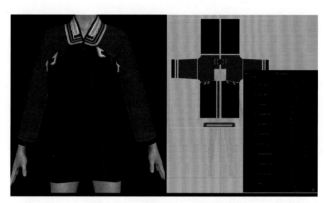

图 10-14 贴图与材质属性调整

四、绘制其他服装

(1)绘制裤子。在2D视窗中导入裤子裁片,按照上衣样板的生成方法生成裤子样板,然后用同样的操作将其进行虚拟缝合,如图10-15所示。

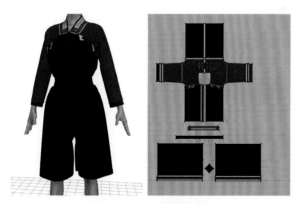

图 10-15 绘制裤子

(2)绘制腰带和围裙。在2D视窗中用矩形工具绘制一个长方形,打开【显示安排点】,选中长方形样板,点击腰部前中的安排点,使其适合于腰部围度,然后将其在后中进行虚拟缝合。导入围裙裁片图,用【多边形】工具描摹轮廓生成围裙样板,将其虚拟缝合后,进行刺绣纹样贴图与材质物理属性参数的调整。用同样的方法绘制脚绑,如图10-16所示。

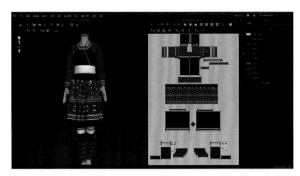

图 10-16　绘制腰带、围裙、脚绑

（3）材质贴图与面料属性参数调整。根据面料外观属性，在植入织物正反面色彩后，还要调整高光色和环境色，以求得最为逼真的面料织物外观效果，如图 10-17 所示。

图 10-17　多角度的虚拟仿真设计效果图

五、输出与线上发布

（1）.png 格式文件的输出。每旋转 10° 输出一张，共 36 张，或者每旋转 15° 输出一张，共 24 张的 .png 格式图片文件，图片分辨率不低于 300dpi，背景设置为"无"。

（2）.obj 工程文件的输出。将文件导出成 .obj 工程文件，工程文件中包含 .mtl、.obj、.png 三种格式的文件，如图 10-18 所示。

图 10-18　.obj 工程文件的输出

（3）输出成 HTML 文件。利用 JavaScript 脚本编程输出成 HTML 文件，实现线上发布，如图 10-19 所示。

图 10-19　线上动态展示

第十一章　排瑶刺绣形纹与针法操作实践

第一节　排瑶服饰刺绣形纹图谱

　　排瑶服饰最具有装饰性的是刺绣纹样，把日常服饰与绣片作为传播媒介，在鲜活意象的图案中建构族群记忆，这是瑶人特有的民族凝聚策略。在"280万人口、60种自称、390种他称、几乎无文字、30个支系多数语言不通"的民族情背景下，这些文化主题是瑶族人民的精神纽带和共同价值。粤北瑶族服饰刺绣形纹，从物象到意象自成体系，形简意丰，具备引导、感知、熟悉、理解、认可、依赖等逐渐深入的民族认知的功能。粤北瑶族服饰刺绣形纹是极富个性的民族文化传承与传播载体。虽然碎片性强、原生性浓，但却是民族认同的基点，具有强大的人文支撑与精神共鸣，是代表粤北瑶族整体文化的标志性符号。排瑶服饰刺绣形纹可以分为动物类形纹、植物类形纹和其他形纹。

　　连南瑶族自治县是全国唯一的排瑶聚居地，特殊的地理环境和民族个性孕育了丰富而独特的民族文化。排瑶服饰"反面刺绣"是瑶族妇女特有的一种传统技艺，奇特和精美的图案蕴藏着丰富的文化内涵，积淀着远古文化的信息，是排瑶文化的形态、载体和灵魂，也是排瑶文化最具有代表性的形象特征。

一、动物类形纹视觉形态

　　动物类形纹包括马头纹、龙角纹、蛇纹、牛角纹、小鸟纹、鱼骨纹等（表11-1）。

表11-1　动物类形纹基元视觉形态图谱

名称	基元图示	名称	基元图示
马头纹 （油岭服饰）		马头纹 （南岗服饰）	
双马头		鱼骨纹1	
鱼骨纹2		变化鱼骨纹	

名称	基元图示	名称	基元图示
龙角纹		龙尾纹 1	
龙尾纹 2		龙尾纹 3	
变形龙尾纹		蛇纹 1	
小鸟纹		飞鸟纹	
鸡冠纹 1		变化鸡冠纹	
鸡冠纹 2	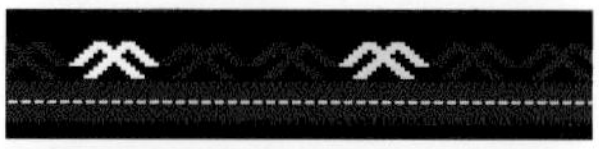	牛角纹 1	
蛇纹 2		牛角纹 2	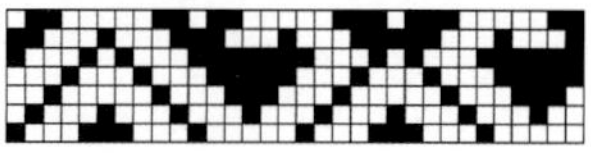

二、植物类形纹视觉形态

植物类形纹包括树木纹、小草纹、森林纹、松果纹、花纹等（表 11-2）。

表 11-2　植物类形纹基元视觉形态图谱

名称	基元图示	名称	基元图示
松树纹 1		松树纹 2	
松果纹 1		松果纹 2	
树木纹 1	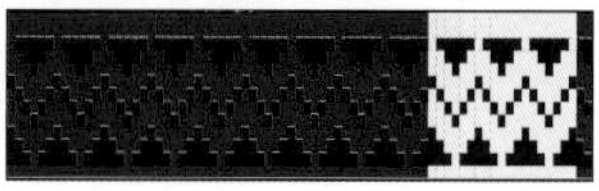	树木纹 2	

名称	基元图示	名称	基元图示
森林纹 1		森林纹 2	
小草纹		变形小草纹	
半边豆花纹 1		半边豆花纹 2	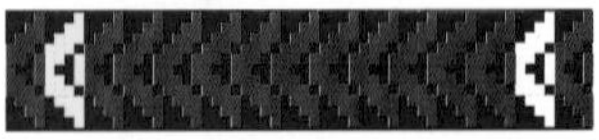
半边豆花纹 3		大花纹 1	
双花图案	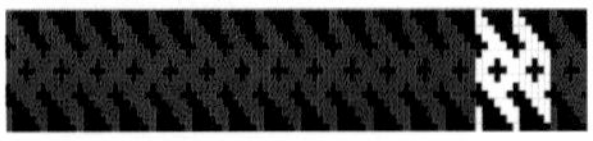	大花纹 2	
森林纹、眼珠子纹组合纹 1		森林纹、眼珠子纹组合纹 2	
变形花纹 1		原野纹	
变形花纹 2		变形花纹 3	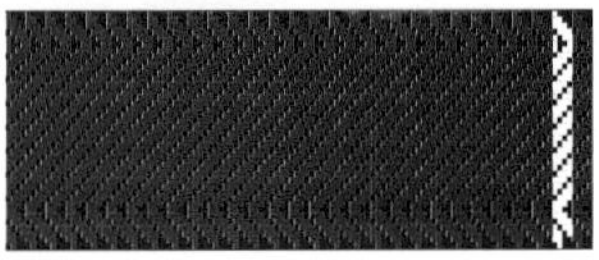

三、其他形纹视觉形态

其他形纹包括桥梁纹、雪花纹、河流纹、姑娘纹、眼珠子纹等（表 11-3）。

表 11-3　其他形纹基元视觉形态图谱

名称	基元图示	名称	基元图示
桥梁纹		扭红纹	
雪花纹		眼珠子纹 1	

名称	基元图示	名称	基元图示
眼珠子纹 2	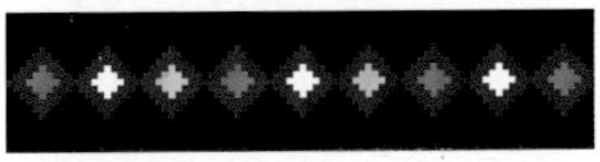	眼珠子纹 3	
眼珠子纹 4		变化眼珠子纹	
河流纹		叉形纹	
盘王印	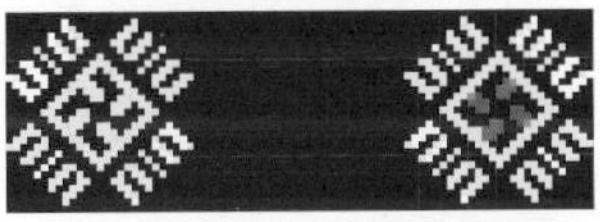	万字盘王印	
眼珠子盘王印		变形盘王印	
日字纹		眼珠子纹和蛇纹组合纹	
姑娘纹 1		姑娘纹 2	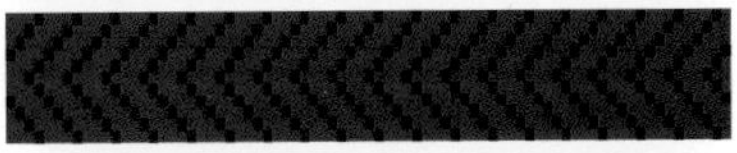
山纹、蛇纹、眼珠子纹组合纹		扇子纹、龙角纹组合纹	
山纹、蛇纹组合纹		扇子纹、龙角纹、蛇纹组合纹 1	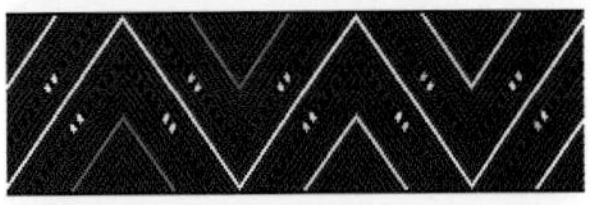
扇子纹、龙角纹、蛇纹组合纹 2		扇子纹、龙角纹组合纹	
扇子纹、蛇纹组合纹		蛇纹与花纹组合纹	

名称	基元图示	名称	基元图示
小鸟、森林纹的组合纹	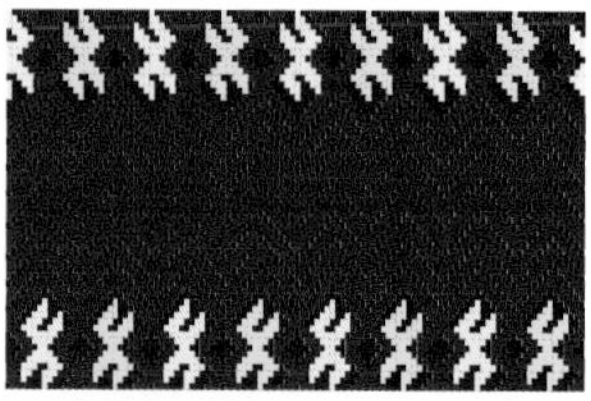	小鸟、蛇纹的组合纹	
小鸟纹、森林纹、蛇纹的组合纹		小鸟纹、森林纹、蛇纹的组合纹	
眼珠子纹、盘王印与扇子纹的组合纹		眼珠子纹、森林纹的组合纹	
眼珠子纹、蛇纹、森林纹的组合纹		眼珠子纹、蛇纹、森林纹的组合纹	
眼珠子纹、蛇纹的组合纹		眼珠子纹、蛇纹的组合纹	

四、组合类形纹视觉形态

组合类形纹是由两个或者两个以上的动物类、植物类和其他类形纹组合在一起,形成新的形纹(表 11-4)。

表 11-4　变形组合类形纹视觉形态图谱

名称	基元图示	组合	创新后纹样组合效果
龙角花纹			
森林纹、眼珠子纹、盘王印的组合纹			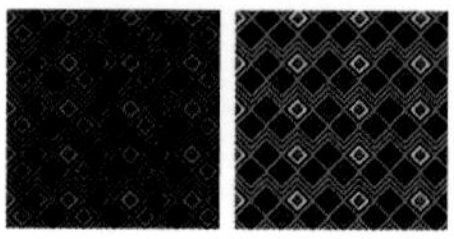

名称	基元图示	组合	创新后纹样组合效果
变形花纹			
扇子纹、龙角纹、蛇纹的组合纹			
南岗绣花裙上的组合花型			
金坑绣花裙上的组合花型			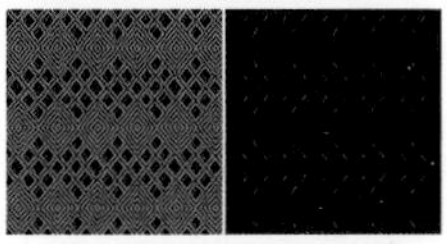
小鸟纹、森林纹、蛇纹的组合纹			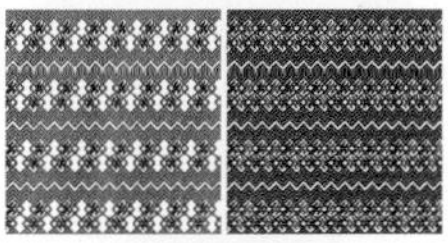
扇子纹、龙角纹、蛇纹、变形花纹的组合纹		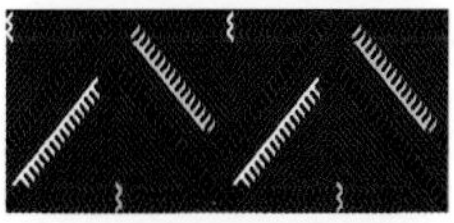	
扇子纹、盘王印的组合纹1			
扇子纹、盘王印的组合纹2			
眼珠子纹、盘王印、扇子纹的组合纹	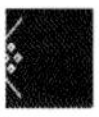	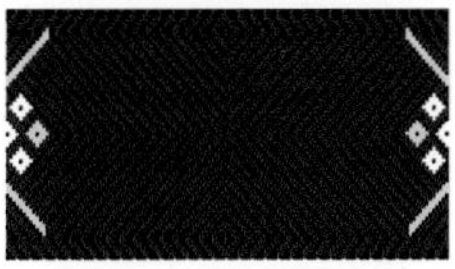	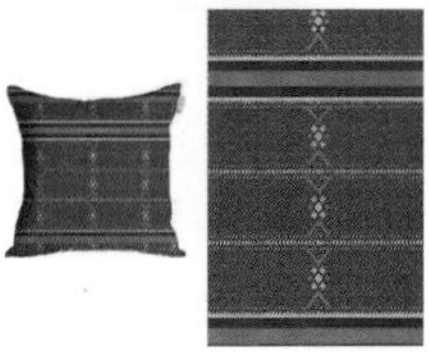

215

名称	基元图示	组合	创新后纹样组合效果
白色森林纹、玫红色蛇纹的组合纹			
松树纹、雪花纹、小鸟纹的组合纹			

第二节　排瑶刺绣针法实践操作

一、刺绣工具

（一）底布

首先，准备底布一张，底布可以是棉布、麻布或化纤布料，但是一定要经纬纱纹路（格纹）清晰，以便于数格。其次，经纬纱纹路均匀，如果底布纹路粗糙，绣出来的花纹也会大，显得较粗糙；底布纹路越细密，绣出来的绣品就越精细，品质感越高。底布颜色选择通常以白色、黑色、红色为主。

（二）绣花线

绣花线以绒线和丝线为主，排瑶传统绣花线的颜色有红色、玫红色、绿色、蓝色、黄色，每一幅刺绣作品的颜色选择可根据刺绣图案自行决定。

（三）绣花针

7号、8号绣花针都可以，针的粗细可以根据布料格纹的疏密搭配选择。

二、排瑶刺绣工艺特点

排瑶刺绣针法主要是横挑、竖挑、斜挑、十字挑、锁边、结绳六种。排瑶刺绣最鲜明的特点是直接在空白底布上反面挑花，正面形成绣花纹样，俗称"反面绣"。第二个特点是不打板，不画稿，不使用任何模具，全凭绣娘一双巧手把所想到的花草类图形、动物类图形、组合类图形按照经纬纱格纹挑制出来。第三个特点是排瑶刺绣形纹以几何图形为主，主要有三角形、圆形、正反形、波浪形等。排瑶刺绣可以通过叠加、删减、组合等方法，从基本形纹变化出许多复杂形纹。

三、排瑶刺绣针法实践操作

在挑花刺绣实操中，一个格子代表底布的经纬纱线，必须严格按照图案形纹在底布上隔一根或者几根纱线插针，不能错行。下面以蛇纹、河流纹、飞鸟纹、鱼骨纹、龙尾纹为例进行案例讲解。

（一）蛇纹

蛇纹又称波浪纹，是竖挑。蛇纹1个单元的针数可以根据布料宽窄和所需弯度的大小来决定，常见的有7针、11针、13针。

1.蛇纹绣品实物（图11-1）

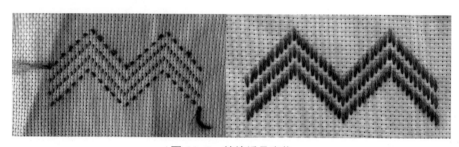

图 11-1　蛇纹绣品实物

2.蛇纹针法图解

蛇纹第1针为先挑3格、压1格、挑3格、压1格、挑3格；第2针斜角加1格往回挑3格、压1格、挑3格、压1格、挑3格；如此循环即可。针数根据图形需要的大小设定，可以是任意针数的循环，图11-2、图11-3为11针。

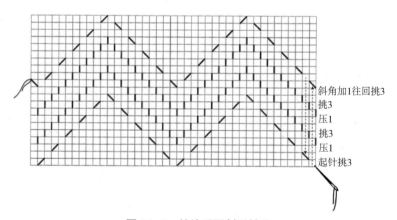

斜角加1往回挑3
挑3
压1
挑3
压1
起针挑3

图 11-2　蛇纹反面刺绣针法

217

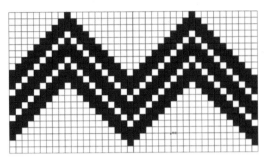

图 11-3　蛇纹正面刺绣针法

3.蛇纹针法口诀（表 11-5）

表 11-5　蛇纹针法口诀

蛇纹						
针数	挑（格）	压（格）	挑（格）	压（格）	挑（格）	备注
第 1 针	3	1	3	1	3	起针
第 2 针	3	1	3	1	3	斜角加 1 往回挑 3
第 3 针	3	1	3	1	3	斜角退 1 往回挑 3
第 4 针	3	1	3	1	3	斜角加 1 往回挑 3
第 5 针	3	1	3	1	3	斜角退 1 往回挑 3
第 6 针	3	1	3	1	3	斜角加 1 往回挑 3
第 7 针	3	1	3	1	3	斜角退 1 往回挑 3
第 8 针	3	1	3	1	3	斜角加 1 往回挑 3
第 9 针	3	1	3	1	3	斜角退 1 往回挑 3
第 10 针	3	1	3	1	3	斜角加 1 往回挑 3
第 11 针	3	1	3	1	3	斜角退 1 往回挑 3

（二）河流纹

河流纹瑶语为"阿纽"，竖挑，由龙角花纹和一条或者多条蛇纹组成，表示龙游过江河，只露出龙角。

1.河流纹绣品实物（图 11-4）

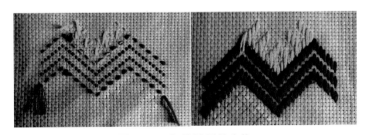

图 11-4　河流纹绣品实物

2.河流纹针法图解

　　河流纹第一部分是蛇纹,第二部分为装饰花纹,可以根据设计需要,换不同颜色的绣花线。装饰部分的起针位置在蛇纹高端处的第二针上面,开始挑3格为第1针;斜角加1个往回挑5格为第2针;斜角退1格往回挑3格、压1格、挑3格为第3针,具体绣法请参见针法口诀(图11-5、图11-6)。

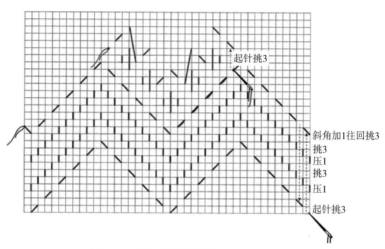

图 11-5　河流纹装饰花纹反面刺绣针法

图 11-6　河流纹正面刺绣针法

3.河流纹装饰花纹针法口诀(表11-6)

表 11-6　河流纹装饰花纹针法口诀

针数	挑(格)	压(格)	挑(格)	备注
第1针	3			起针
第2针	5			斜角加1往回挑5

针数	挑（格）	压（格）	挑（格）	备注
第3针	3	1	3	斜角加1往回挑3
第4针	3	3	3	斜角加1往回挑3
第5针	5			斜角加1往回挑5
第6针	3	1	3	斜角加1往回挑3
第7针	3	3	3	斜角加1往回挑3
第8针	5	5		斜角退5
第9针	3	1	3	斜角加1往回挑3
第10针	3	3	3	斜角加1往回挑3
第11针	3	1	3	落针开始，斜角退1往回挑3
第12针	5			斜角退1往回挑5
第13针	3	3	3	斜角退1往回挑3
第14针	3	1	3	斜角退1往回挑3
第15针	5			斜角退1往回挑5
第16针	3	3	3	斜角退5往回挑3
第17针	3	1	3	斜角退1往回挑3
第18针	5			斜角退1往回挑5
第19针	3			斜角退1往回挑3

（三）飞鸟纹

飞鸟纹瑶语为"乌达"，竖挑。飞鸟纹在排瑶服饰中主要以黄色、红色和绿色绒线绣制。

1.飞鸟纹绣品实物（图11-7）

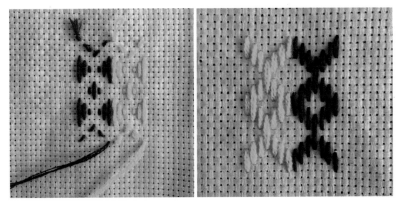

图11-7　飞鸟纹绣品实物

2. 飞鸟纹针法图解

飞鸟纹一个循环单元有 7 针。第 1 针为先挑 3 格、压 5 格、挑 3 格、压 5 格、挑 3 格；第 2 针斜角退 1 格往回挑 3 格、压 3 格、挑 5 格、压 3 格、挑 3 格；第 3 针斜角退 1 格往回挑 3 格、压 1 格、挑 3 格、压 1 格、挑 3 格、压 1 格、挑 3 格；第 4 针落针开始，斜角退 1 格往回挑 5 格、压 3 格、挑 5 格；第 5 针斜角加 1 格往回挑 3 格、压 1 格、挑 3 格、压 1 格、挑 3 格、压 1 格、挑 3 格；第 6 针斜角加 1 格往回挑 3 格、压 3 格、挑 5 格、压 3 格、挑 3 格；第 7 针斜角加 1 格往回挑 3 格、压 5 格、挑 3 格、压 5 格、挑 3 格（图 11-8、图 11-9）。

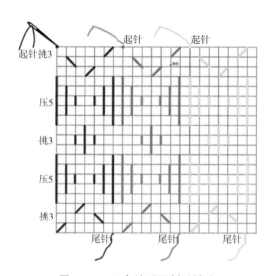

图 11-8　飞鸟纹反面刺绣针法

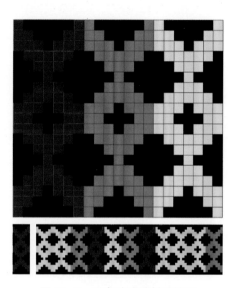

图 11-9　飞鸟纹正面刺绣针法

3. 飞鸟纹针法口诀（表 11-7）

表 11-7　飞鸟纹针法口诀

飞鸟纹单元针法							
针数	挑（格）	压（格）	挑（格）	压（格）	挑（格）	压（格）	挑（格）	备注
第 1 针	3	5	3	5	3			起针开始
第 2 针	3	3	5	3	3			斜角退 1 往回挑 3
第 3 针	3	1	3	1	3	1	3	斜角退 1 往回挑 3
第 4 针	5	3	5					落针开始，斜角退 1 往回挑 5
第 5 针	3	1	3	1	3	1	3	斜角加 1 往回挑 3
第 6 针	3	3	5	3	3			斜角加 1 往回挑 3
第 7 针	3	5	3	5	3			斜角加 1 往回挑 3

（四）鱼骨纹

鱼骨纹瑶语为"biu"，竖挑。鱼骨纹可以是一种颜色绣制，也可以是多种颜色搭配绣制，在瑶族服装上常用的鱼骨纹颜色有红色、黄色、白色。

1. 鱼骨纹绣品实物（图 11-10）

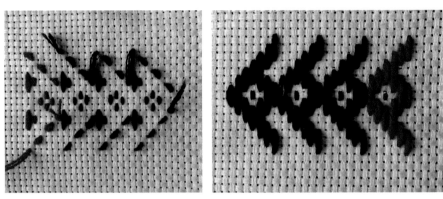

图 11-10　鱼骨纹绣品实物

2. 鱼骨纹针法图解

鱼骨纹一个循环单元有 7 针，在布的反面从起针地方挑 3 格为第 1 针。第 2 针是在原来的基础上前、后各加 1 格，挑 5 格。第 3 针是前面加 1 格、挑 3 格、压 1 格、挑 3 格。第 4 针是在后面加 1 格，挑 3 格、压 1 格、挑 1 格、压 1 格、挑 3 格。第 5 针在前面加 1 格，挑 5 格、压 1 格、挑 5 格。第 6 针在后面加 1 格，挑 3 格、压 1 格、挑 5 格、压 1 格，挑 3 格。第 7 针在前面加 1 格，挑 3 格、压 3 格、挑 3 格、压 3 格、挑 3 格（图 11-11、图 11-12）。

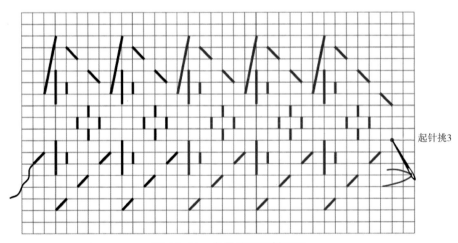

起针挑3

图 11-11　鱼骨纹反面刺绣图

图 11-12　鱼骨纹正面刺绣图

3. 鱼骨纹针法口诀（表 11-8）

表 11-8　鱼骨纹针法口诀

鱼骨纹						
针数	挑（格）	压（格）	挑（格）	压（格）	挑（格）	备注
第 1 针	3					
第 2 针	5					后退 1 格
第 3 针	3	1	3			前加 1 格
第 4 针	3	1	1	1	3	后退 1 格
第 5 针	5	1	5			前加 1 格
第 6 针	3	1	5	1	3	后退 1 格
第 7 针	3	3	3	3	3	前加 1 格

（五）龙尾纹

龙尾纹瑶语为"龙对"，是竖挑。

1. 龙尾纹绣品实物（图 11-13）

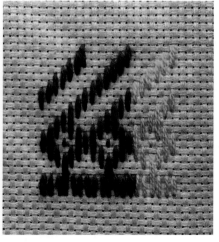

图 11-13　龙尾纹绣品实物

2. 龙尾纹针法图解

龙尾纹一个循环单元有8针。第1针在布的反面上挑3格,压3格,挑3格,压3格,挑3格。第2针是在后面加1格,然后往回挑3格,压3格,中间挑5格,压2格,挑3格。第3针在平行线上移动1格,然后挑3格,压1格,挑3格,压1格,挑3格,压3格,挑3格。第4针在后面加1格,往回挑3格,压3格,挑,3格,压1格,挑,1格,压1格,挑6格。第5针平行线上移动1格,挑3格,压1格,挑3格,压1格,挑5格,压3格,挑3格。第6针在前面加1格,往回挑3,压3,挑3,压1,挑5,压2,挑3。第7针平行线上移动1格,挑3格,压3格,挑3格,压3格,挑3格,压3格,挑3格。第8针在前面退5格,往回挑3,压3,挑5,压2,挑3格。龙尾纹的一个循环完成(图11-14)。

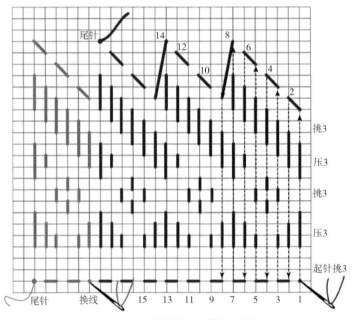

图 11-14　龙尾纹反面刺绣针法

3. 龙尾纹针法口诀(表11-9)

表 11-9　龙尾纹针法口诀

针数	挑(格)	压(格)	挑(格)	压(格)	挑(格)	压(格)	挑(格)	备注
第1针	3	3	3	3	3			
第2针	3	3	5	2	3			后退1格
第3针	3	1	3	1	3	3	3	平行压1格
第4针	3	3	3	1	1	1	6	后退1格
第5针	3	1	3	1	5	3	3	平行压1格

针数	挑（格）	压（格）	挑（格）	压（格）	挑（格）	压（格）	挑（格）	备注
龙尾纹单元针法								
第6针	3	3	3	1	5	2	3	后退1格
第7针	3	3	3	3	3	3	3	平行压1格
第8针	3	3	5	2	3			减5格
第二个循环开始								
第9针	3	1	3	1	3	3	3	平行压1格
第10针	3	3	3	1	1	1	6	后退1格
第11针	3	1	3	1	5	3	3	平行压1格
第12针	3	3	3	1	5	2	3	后退1格
第13针	3	3	3	3	3	3	3	平行压1格
第14针	3	3	5	2	3			减5格
第15针	3	1	3	1	3	3	3	平行压1格

第十二章　瑶族服饰的传承与创新应用

第一节　瑶族服饰文化基因的提取方法

瑶族服饰是极富个性的民族文化传承与传播的载体，虽然碎片性强、原生性浓，但却是民族认同的根基，具有强大的人文支撑与精神共鸣，是代表瑶族整体文化的标志性符号。研究与利用瑶族服饰文化，对于瑶族的民族产业发展和地域经济腾飞具有较强的促进作用。这里提出一种瑶族服饰文化因子的提取方法。

一、从用户需求中确定因子的提取类型

在设计领域中，将产品的用户需求作为重要研究对象已逐渐成为趋势，而用户的需求又源自其对于相关文化的感性认知。一般来说，用户由于专业的局限性，常常只能用简单的形容词来勾勒其感知轮廓。因此，可将感性词的研究作为识别用户真实需求的关键举措，以此找到设计的突破口。在文献研究的基础上，经"头脑风暴"整合得到与粤北瑶族服饰文化相关的 116 个感性词对，如表 12-1 所示。

表 12-1　关于粤北瑶族服饰文化的感性词对

序	词对	序	词对	序	词对	序	词对
1	昂贵——廉价	14	饱满——干瘪	27	本土——国际	40	扁平——立体
2	变化——固守	15	别致——寻常	28	沉稳——稚拙	41	创新——沿袭
3	创意——模仿	16	大胆——稳健	29	大气——小气	42	呆板——生动
4	单调——层次	17	典雅——通俗	30	独特——共同	43	端庄——轻浮
5	多样——唯一	18	繁华——幽静	31	繁琐——简便	44	丰富——单一
6	丰润——棱角	19	简单——复杂	32	感性——理性	45	刚劲——松软
7	高档——低次	20	高调——低调	33	高端——低档	46	高贵——平庸
8	高雅——低俗	21	个性——从众	34	豪放——婉约	47	豪华——朴素
9	和谐——杂乱	22	花俏——平实	35	华丽——朴实	48	欢乐——悲伤
10	活力——死气	23	活泼——平静	36	活跃——沉闷	49	激进——含蓄
11	简洁——冗长	24	简约——繁杂	37	紧凑——宽松	50	紧密——松散
12	经典——平常	25	经济——华侈	38	精巧——粗糙	51	精细——粗放
13	精英——大众	26	精致——粗劣	39	具象——抽象	52	开放——封闭

序	词对	序	词对	序	词对	序	词对
53	科技←→手工	69	块面←→线条	85	冷淡←→热情	101	历史←→未来
54	亮丽←→暗哑	70	灵动←→呆滞	86	流畅←→断续	102	流线←→几何
55	流行←→怀旧	71	恬静←→动感	87	浓郁←→淡雅	103	漂亮←→难看
56	平淡←→激情	72	齐整←→参差	88	前卫←→古典	104	亲切←→冷峻
57	轻便←→繁重	73	轻巧←→厚重	89	轻盈←→沉重	105	清新←→世俗
58	商用←→家用	74	生硬←→柔和	90	时尚←→保守	106	实用←→装饰
59	舒适←→难受	75	随性←→刻意	91	特别←→普通	107	特殊←→普遍
60	天然←→人工	76	跳跃←→平缓	92	统一←→分化	108	温暖←→冰冷
61	稳重←→轻佻	77	喜欢←→讨厌	93	细腻←→粗犷	109	细致←→简陋
62	鲜亮←→黯淡	78	鲜艳←→素净	94	现代←→传统	110	现实←→梦幻
63	协调←→冲突	79	新奇←→老套	95	新鲜←→陈旧	111	兴奋←→宁静
64	雅致←→俗套	80	严肃←→轻松	96	艳丽←→素雅	112	阳刚←→阴柔
65	野性←→温柔	81	怡人←→烦心	97	优美←→粗鄙	113	有趣←→乏味
66	原生←→派生	82	圆润←→硬朗	98	运动←→静止	114	张扬←→内敛
67	正式←→休闲	83	质朴←→华美	99	稚气←→成熟	115	专业←→业余
68	自然←→局促	84	自由←→束缚	100	柔美←→刚健	116	拘谨←→自如

由从事民族服饰、服装产品设计、服饰文化、服装设计理论、服装品牌与营销方面研究的9名专家利用网络即时通工具进行二次筛选。专家们从语义层面反复比较，经过3轮筛选，在剔除意思相近、性质类同、倾向明显的词语之后，汇总取得16个感性词对。最后，运用语义差别法探求这16个感性词对的优先等级。具体步骤如下：

第一步，制作量表型调查问卷。

为了方便用户填写，将"鲜艳←→素净，具象←→抽象，独特←→共同，浓郁←→淡雅，细腻←→粗犷，简约←→繁杂，历史←→未来，科技←→手工，丰富←→单一，创新←→沿袭，现代←→传统，扁平←→立体，流线←→几何，有趣←→乏味，时尚←→保守，原生←→派生"这16对感性词分拆形成32个感性词，要求受调查者将"希望产品带来的文化感受程度"与每个词逐一对应，并在"极度3分、比较2分、有点1分、中立0分"这4个分值中单选作答，如表12-2所示。

第二步，发起问卷调查。

课题组于2018年7月先后在连南瑶族自治县的南岗瑶寨和乳源县的必背瑶寨，向多名25~50岁女性游客发放关于"粤北瑶族特色家纺用品需求"的问卷。本次调查累计发放83份问卷，回收83份，除去错答、漏答以及答案自相矛盾的问卷共4份，剩余79份，有效率95.18%。

第三步，问卷结果统计。

（1）将每对感性词按正反两个方向分列。其中，反向词的"极度3分、比较2分、有点1分"调查记录结果时相应变更为"极度-3分、比较-2分、有点-1分"，而"中立0分"的记录结果保持不变。即按七级变化范围来划分感性词对,以此对照比较。

(2)把16对感性词在问卷中的结果全部列出并形成统计表(表12-3)。

第四步,分析统计结果。

统计显示,在数值过半的感性词中,归于"极度"属性的有2个,分别是"鲜艳、历史",说明用户对于粤北瑶族文化了解较深、认可度高,强烈要求产品应表现出粤北瑶族服饰的民族风格;归于"比较"属性的有2个,分别是"独特、简约",可见用户的需求已经触及粤北瑶族服饰的文化特质,也反映出粤北瑶族特色产品所应具备的文化实力;其他感性词不做属性归类。根据语义差法则,"极度"和"比较"是反映用户真正需求的两种属性,因此可将"鲜艳、历史、独特、简约"确定为从用户真正需求中获得的粤北瑶族服饰文化因子的四种提取类型。

表 12-2　粤北瑶族特色家纺用品需求问卷

序号	感性词	希望产品带来的文化感受程度(4 选 1,请在□中打√)			
1	鲜艳	极度 3 分□	比较 2 分□	有点 1 分□	中立 0 分□
2	素净	极度 3 分□	比较 2 分□	有点 1 分□	中立 0 分□
3	具象	极度 3 分□	比较 2 分□	有点 1 分□	中立 0 分□
4	抽象	极度 3 分□	比较 2 分□	有点 1 分□	中立 0 分□
...	......	......	......	......	......
31	原生	极度 3 分□	比较 2 分□	有点 1 分□	中立 0 分□
32	派生	极度 3 分□	比较 2 分□	有点 1 分□	中立 0 分□

表 12-3　粤北瑶族特色家纺用品需求问卷结果统计

序号	正向词→	极度 3 分	比较 2 分	有点 1 分	中立 0 分	有点 -1 分	比较 -2 分	极度 -3 分	反向词←
1	鲜艳	73	4	2	0	0	0	0	素净
2	具象	0	1	7	63	6	2	0	抽象
3	独特	2	59	8	3	5	1	1	共同
4	浓郁	1	11	14	24	19	9	1	淡雅
5	细腻	5	8	13	32	10	7	4	粗犷
6	简约	2	57	5	4	6	4	1	繁杂
7	历史	71	7	1	0	0	0	0	未来
8	科技	0	4	6	59	7	3	0	手工
9	丰富	1	1	3	69	3	2	0	单一
10	创新	0	2	5	65	6	1	0	沿袭
11	现代	0	0	9	21	36	8	5	传统
12	扁平	2	14	16	27	11	8	1	立体
13	流线	0	1	29	11	36	2	0	几何
14	有趣	0	3	35	25	14	2	0	乏味

序号	正向词→	极度 3分	比较 2分	有点 1分	中立 0分	有点 -1分	比较 -2分	极度 -3分	反向词 ←
15	时尚	0	0	3	69	3	4	0	保守
16	原生	2	3	33	29	12	0	0	派生

二、从图谱资源中提取因子的视觉形态

在得到"鲜艳、历史、独特、简约"这四种因子提取类型之后，再从预先收集的粤北瑶族服饰色彩、图案、造型、纹样等图谱资源中对应提取其视觉形态，并储存于因子库中，供随后的设计使用。

(一)"鲜艳"因子的形态提取

"鲜艳"，是人们对粤北瑶族服饰色彩的感性认识。不光现状如此，史上也有大量材料能够证明：瑶族先民很早以前就已经具备了印染与配色能力。例如，南朝宋代范晔《后汉书·卷七十六》载："织绩木皮，染以草实，好五色衣服。"宋代周去非《岭外代答·卷三》中说猺人"妇人上衫下裙，斑斓勃窣，惟其上衣斑纹极细。"清代屈大均《广东新语·人语·卷七》上记载八排徭峒"其领袖皆刺五色花绒，垂铃钱数串，衣用布，或青或红，堆花叠草，名徭锦。"斑斓，表示色彩灿烂。五色，即赤黄青黑白5种传统颜色。从服饰色彩中提取"鲜艳"因子的形态，从视觉角度把粤北瑶族服饰文化中的色彩意象融进旅游纪念丝巾产品之中，可在强化瑶文化自身吸引力的同时进一步提升其外界关注度，提取示意如图12-1所示。

图12-1 "鲜艳"因子的形态提取

（二）"历史"因子的形态提取

瑶族是历史上罕有的长期迁徙民族。虽然不同支系的迁徙时间与路线略有差异，但总体而言，从黄河流域往南迁徙是确定无疑的。虽然路途艰辛，但充满智慧的瑶族女性凭借手中的针线，根据一路所见创造了日字纹、马头纹、松树纹、原野纹、雪花纹、桥梁纹、鱼纹、飞鸟纹、牛角纹、鸡冠纹、山纹、河流纹、桥梁纹、小草纹、森林纹等奇特纹样，并以服饰图案的形式从女性视角记录了民族迁徙的千年历史。如图 12-2 所示，从服饰图案中提取"历史"因子的形态，借助旅游纪念丝巾产品在外界与瑶族之间架起一座文化沟通的桥梁，既能充分展示粤北瑶族服饰文化的原生魅力，又能反复引发消费者的情感共鸣。

服饰图案图谱资料	因子提取		
	因子名称	原始绣图	现代简纹
 连南排瑶花裙上的图案	马头纹		
	小草纹		
	龙尾纹		

图 12-2 "历史"因子的形态提取

（三）"独特"因子的形态提取

排瑶服饰有平装、盛装两类。盛装精致华美，充分展示出瑶族的民族传统、审美心理、精神追求。乳源过山瑶服饰与龙犬盘瓠的传说密切相关，在奇特的服饰造型中，充满了英雄崇拜的文化内涵。例如腰带的独特造型：男子将腰带于腹下结纽，是模仿龙犬的雄性特征。女子则将腰带两端做三角形悬于两股上侧，模拟龙犬尾须。从服饰造型中提取"独特"因子的形态，在粤北瑶族文化旅游纪念丝巾产品中注入诚信、感恩、吉祥、美满的文化追求，不但提升了产品的文化档次，更是借此开辟了瑶族文化的传播新渠道。提取示意如图12-3 所示。

（四）"简约"因子的形态提取

排瑶服饰中含有大量的刺绣，从最初用于服装易损部位的加固，到后来用于装饰美化服装，排瑶绣本质上仍是一种实用型的生活绣。当地生产生活的需求决定了其形纹非常"简约"，主要表现为：

服饰造型图谱资料	因子提取	
	流线图	几何图
乳源过山瑶女子服饰（腰带）	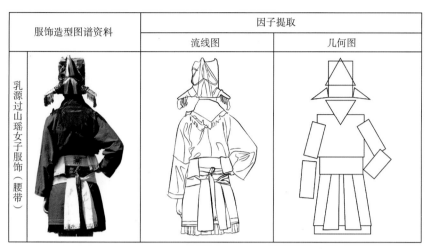	

图 12-3 "独特"因子的形态提取

（1）刺绣速度快捷，挑花针法简单，只要熟记经纬格数，就能迅速进行"反面绣，正面看"，久而久之就形成了刺绣纹样的程式化、规范化、简明化特征。

（2）刺绣纹样以"线"为主，偶尔用"点"。乳源瑶绣的线条甚至只取 45°、90°、180° 三类直线，完全不用曲线。从服饰纹样中提取"简约"因子的形态（图 12-4），应用到粤北瑶族文化特色的旅游纪念丝巾产品设计之中，一方面可以诠释瑶绣的艺术特征，另一方面又能体现瑶绣的艺术价值。

服饰纹样图谱资料	因子提取		
	因子名称	原始绣图	现代简纹
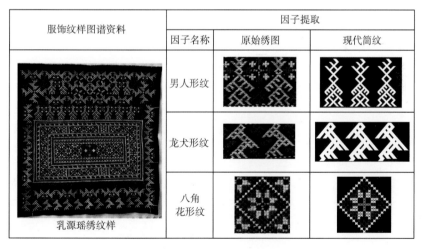	男人形纹		
	龙犬形纹		
乳源瑶绣纹样	八角花形纹		

图 12-4 "简约"因子的形态提取

三、设计案例

在进行应用与创新设计之前，需要对前述《粤北瑶族特色家纺用品需求问卷与结果统计表》作出更进一步的解析：

（1）"鲜艳""历史"这两个感性词属性为"极度"，说明用户对于粤北瑶族文化了解深入、高度认可，强烈要求家纺产品应表现出粤北瑶族的民族风格特质。实际上，"极度"一词还暗藏"没有，就绝对不行"的语义，应将这两个用户需求作为设计基点，必须满足。

（2）"独特""张扬""简约""固守"这四个感性词属性为"比较"，从用户需求可反推出粤北瑶族特色家纺产品进入市场应当具有的文化自信与底气。对于满意的程度而言，"比较"一词包含"有则更佳，无则降格"的语义，故将这四个用户需求作为设计焦点，精准发力。

（3）"传统""几何""有趣""原生"这四个感性词属性为"有点"，反映出用户的潜在意向，可作为粤北瑶族特色家纺产品设计方向的一种指引。另外，"有点"一词尚有"有更好，无也行"的语义，可将这四个用户需求作为设计亮点，极力关注。由此，粤北瑶族特色家纺产品的《设计操作守则》可确定为：第一，每个方案至少有一个"鲜艳""历史"要素中的设计因子。第二，每个方案至少有一个"独特""简约""固守""张扬"要素中的设计因子。第三，每个方案尽量达到"传统""几何""有趣""原生"几种设计效果之一，全部则更好。

（一）设计案例1

案例1是家纺产品纹样设计系列（图12-5～图12-9），是对粤北瑶族服饰色彩因子和形状因子的很好诠释。首先从"极度"属性"鲜艳"要素中提取色彩因子，红、黑、白、蓝、黄五种纯色；其次从"比较"属性"简约"要素中提取龙角形纹的形状因子。整个设计方案色彩以五种纯色为主调，为了减少视觉的冲突与生硬感觉，适当降低色彩纯度，在保留原始民族色彩特征的基础上融入一些灰色调。龙角形纹通过对称、镜像、旋转、重复等设计手法使整个方案具有"传统、几何、有趣、原生"的设计观感，能够满足用户的主要需求。

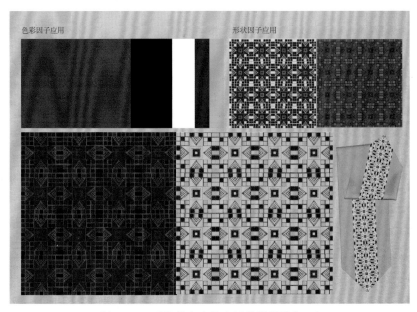

图12-5　瑶族特色家纺产品纹样设计（一）

图 12-6　瑶族特色家纺产品纹样设计（二）

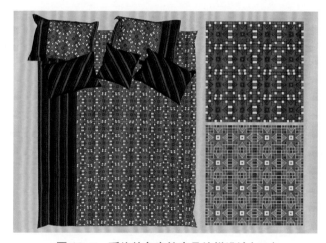

图 12-7　瑶族特色家纺产品纹样设计（三）

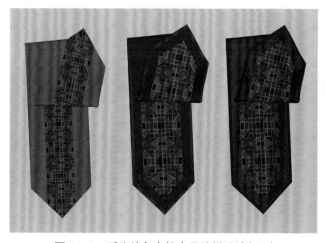

图 12-8　瑶族特色家纺产品纹样设计（四）

图 12-9　瑶族特色家纺产品纹样设计（五）

（二）设计案例 2

案例 2 是靠垫产品系列（图 12-10），采用的是另一种提取方式。一是应用了从"极度"属性"历史"要素中提取盘王印图案因子；二是从"比较"属性"简约"要素中提取连南瑶绣中的眼珠子纹以及乳源瑶绣中的千手观音手形纹等形状因子。此设计方案总体上给人以"传统、几何、原生"的视觉意象。

图 12-10　靠垫产品系列纹样设计

（三）设计案例 3

案例 3 为《八角花》家纺床上系列产品（图 12-11）。提取对象源自位于连南的广东瑶族博物馆所藏《黑底八角花》绣片,八角纹作为瑶族的族徽,其久远历史可追溯到上古时期鲁南地区瑶族先民的生活。因此,本方案使用了从"极度"属性"历史"要素中所提取的八角花图案因子,整合了从"比较"属性"简约"要素中所提取的盘王印纹、长鼓形纹因子,以几何形式重新构建了纹样的循环单元图,在设计创新中仍保留了"传统、原生"的文化印象。

图 12-11 八角花纹样家纺系列产品开发

瑶族服饰文化基因的提取方法总结如下:

首先,本书认为可以通过两个步骤完成设计因子的提取任务。第一步,从用户需求中提炼核心要素。即某种文化的核心要素可以从用户的需求中加以提炼,而用户的需求又源于其文化感知语汇,在合理运用技术手段对用户感性语汇进行数据化处理之后,就可定位该文化的核心要素。第二步,从图形资料中对应提取设计因子。即将文化的核心要素作为比对指标,对文献中的图形资料进行分类解析,提取得到具有该文化特征的设计因子。

其次,再以粤北瑶族服饰文化特色家纺产品的设计为应用案例,检验方法的有效性。结果表明,该方法操作简便、易于推广,可为少数民族文化创意活动提供一定的支持。

最后,对于产品文化属性的不断强化,是产品设计的发展趋势。文化内涵与文化特色作为产品价值的核心成分,深层撷取与准确呈现其本质特征已经成了产品设计的基本诉求。因此,"文化中的设计因子提取"作为挖掘与传递文化精髓的重要环节,应会逐渐成为当前设计理论的一个研究方向。

第二节　瑶族服饰文化因子的形状文法应用策略

将提取所得的文化因子应用于产品设计,是提取文化因子的最终目的。而现代生活方式对于产品提出的个性、新奇、潮流等设计要求,决定了所提因子的应用不能只是简单地再现传统,必须具有新的诠释形态,在取形、延意、传神的设计中表现其文化魅力。然而,如何保持"文化特征的保留"与"产品形态的拓展"之间的动态平衡,则是设计实践中的一道难题。

形状文法,具备同时兼顾形态传承与创新的功能,可作为解决这一问题的有力武器。形状文法是一种以形状为运算对象,以镜像、置换、增删、缩放、复制、旋转、错切、微调等规则为推演语法,快速实现初始形状变换与衍生的产品设计创新方法,其操作便捷、逻辑清晰、启迪思维的应用优势特别适合粤北瑶族服饰文化产品的创意设计。形状文法又可以细分为直接转换法、解构设计法、变形组合法三种表达形式。下面结合三个设计案例,说明形状文法在现代文创产品图形设计中的具体应用。

一、直接转换法——鱼纹方形丝巾产品设计

直接转换法是从众多服饰文化中根据设计需要提炼出一个有代表性的基元纹样,然后通过放大缩小、旋转、复制、镜像、渐变、扭曲等图形构成手法的应用,创造出一种新的外观形态。鱼纹方形丝巾的设计步骤如下:

(一)提取鱼纹

鱼纹是乳源过山瑶服饰图案中普遍使用的"历史"因子。首先提取一个连续的鱼纹片断,经换色处理后作为"初始形状",并按 1 个长度单位计算。接着运用"复制"规则(R1),分别形成 3~7 个长度单位的条状形态。然后利用"渐收"规则(R2)、"收缩"规则(R3)、"切割"规则(R4)、"微调"规则(R5)将条形继续演化为各种不同的形状,图12-12展示的是演化过程以及部分形状。

(二)基元、角隅、中心的设定

按照图 12-13 的设定,将上述经过形状文法演化的各种鱼纹线条以不同的色彩、路径、粗细、疏密、曲直进行配置,构建基元纹样、角隅纹样。此外,基于此款方巾的设计趣旨,选用"涡纹"在中心位置引导点题。最后添加背景色,确保产品整体上具有流行感。

（三）旋转复制

再次运用形状文法规则，先将基元纹样顺时针旋转60°、120°、180°、240°、300°，并逐一存留形成主体图形，再将角隅纹样旋转并平移至方巾图形的四角，后将"涡纹"置于中心，最终效果如图12-14、图12-15所示。

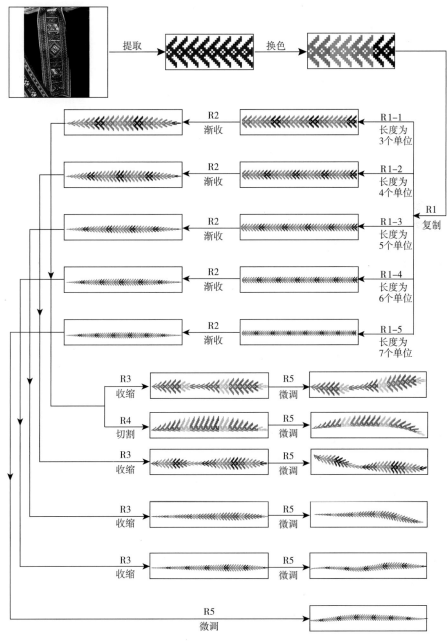

图12-12　初始形状的提取与演化

237

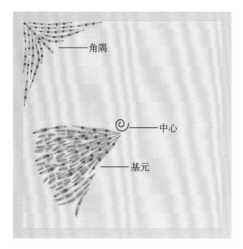

图 12-13　基元、角隅、中心的设定

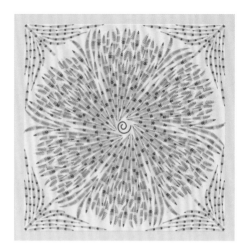

图 12-14　最终效果图

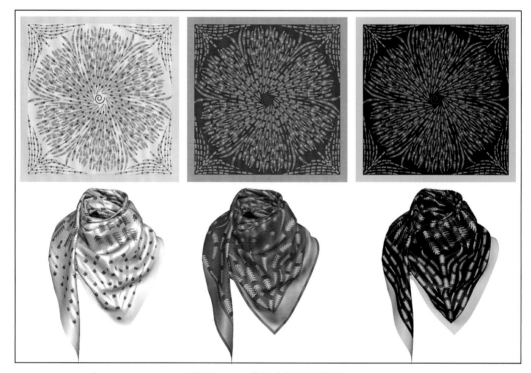

图 12-15　最终产品呈现效果

二、解构设计法——家居纺织品设计

粤北瑶族人民将盘王视为本民族的创世始祖，在"历史"因子中，"盘王印"是一种典型的子系因子，图案辨识度高，具有族徽宣示、区分支系、感恩盘王、辟邪护身的作用。取一块连南排瑶服饰中最常见的盘王印绣片，对其实施解构设计，操作流程如图 12-16 所示。

（一）分解至基元

在图 12-16 中，将图（a）的"盘王印"按对角线分割形成图（b），取左上角的分割部分作为图形设计变换的基元，见图（c）。

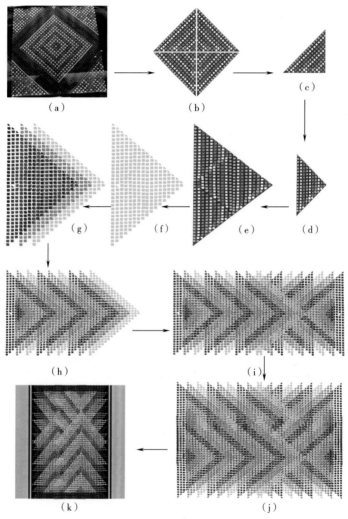

图 12-16 解构操作流程

（二）打散与重组

具体细化为以下步骤：

（1）运用"旋转"手法，将图 12-16（c）进行 45° 旋转，形成图（d）。

（2）运用"增加"手法，对图（d）进行复制、移位，扩充成图（e）。

（3）把图（e）作为初始设计单位，经换色、变色后形成图（f）。对图（f）运用"透叠"手法，组成一个三层重叠的小组，见图（g）。对图（g）再次运用"透叠"手法，将三个小组重叠成更为复杂的九层重叠图形,随之再将一个小组缩小后用于其整体装饰,形成图(h)。

(4)取图(h)的180°旋转形态,第三次运用"透叠"手法,使之与图(h)进行顶部三分之一的叠加,形成一个对称的新图形(i)。

(5)再取两个图(i)形态,上下分列。随后将下方图形向上平移,第四次运用"透叠"手法,覆盖上方图形三分之二的范围,形成创新设计单位图(k)。

(三)构建新形式

在运用创新设计单位图12-16(k)的同时,对图案位置的摆放进行精心布局,最终形成原生感与流行感兼具的几何风格新造型,进一步体现出产品的文化性、民族性、国际性、时尚性特征。图12-17、图12-18为该款床上用品的设计效果图及产品效果图。

图 12-17 纹样设计效果图

图 12-18 最终产品呈现效果

（四）创新设计流程（表12-4）

表12-4　创新设计流程

参考资料 （素材来源）	盘瓠护王印是瑶族人民权力与地位的象征，是排瑶的图腾图案，此图案用于八排瑶族妇女绣花头帕和油岭男子的披肩上	写实绘画，是将视觉模糊形态转换成明确的构图形态，通过点、线、面元素的微构成，有助于提高创作者对参考资料的深入理解与认识
八排瑶盘王 印绣片图		 用数字化绘画方式重新表达原图概貌
设计元素拆分	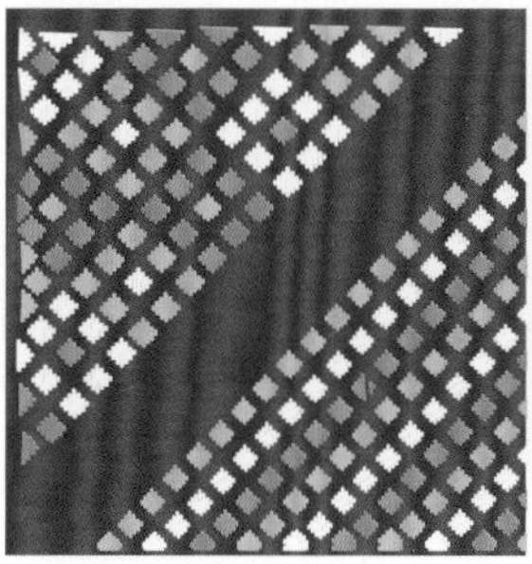 　　　　　　 设计元素拆分（1） 　　　设计元素拆分（2） 　将数字化的绘图，尽可能拆分出更多的设计元素，然后选取最为突出和典型的元素作为创新设计的突破口	
重新组合 设计单元图	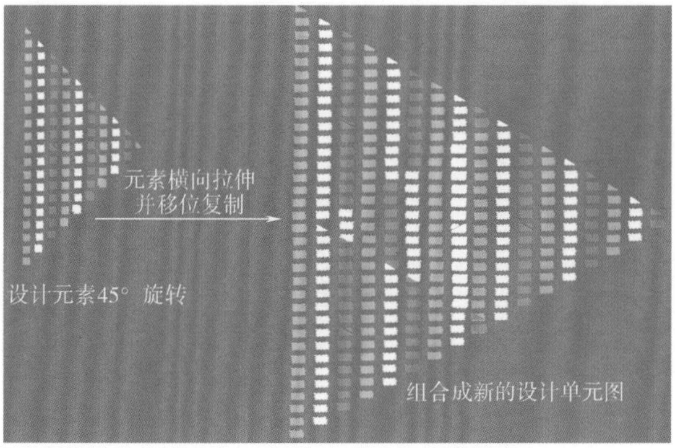 　新的设计单元图是再设计的关键元素，需要仔细斟酌和优化甄选	

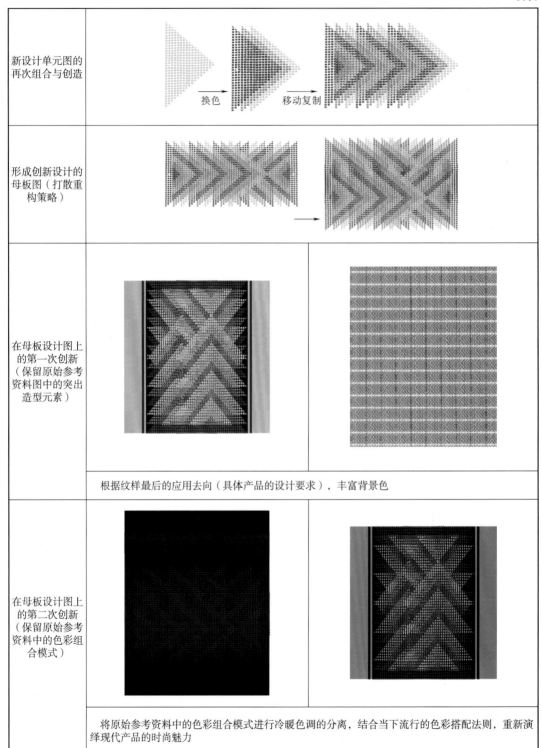

新设计单元图的再次组合与创造	
形成创新设计的母板图（打散重构策略）	
在母板设计图上的第一次创新（保留原始参考资料图中的突出造型元素）	
	根据纹样最后的应用去向（具体产品的设计要求），丰富背景色
在母板设计图上的第二次创新（保留原始参考资料中的色彩组合模式）	
	将原始参考资料中的色彩组合模式进行冷暖色调的分离，结合当下流行的色彩搭配法则，重新演绎现代产品的时尚魅力

换色　移动复制

在家纺类产品上的应用	 将创新设计图直接应用，只是根据床上用品的特点，对图案位置的摆放进行精心设计，形成原生态民族几何风格	 将创新设计图做四个方向的连续延伸，并在横向和纵向上做了不同比例的缩放，使产品具有纯情少女般的现代感
	 蓝绿色调的渐变搭配，使产品从浓艳的传统配色中释放出来，给人以耳目一新的全新视角	 同色系的红色搭配，将色彩的纯度和明度作为突破，将产品打造成具有富丽堂皇奢靡视觉感受的另类展示

三、变形组合法——面料印花图案设计

变形组合是一种综合应用法，利用构成设计的各种方法达到一种全新的视觉造型，以求得创新。设计案例 1 仍然是以盘王印纹为设计源头进行的面料印花设计。盘王印纹各排形纹略有不同，但都以方正醒目、易于识别为原则。其功能：一是作为区别其他民族的瑶族族徽标识；二是用于区别瑶族各支系的身份；三是不忘盘王创世之功和庇佑之德的记念符；四是视为护身符，随身佑助。盘王印纹是民族自尊心的物化形态，是连南排瑶集体意识抽象化、意象化的视觉结果，它以简单规范的民族图像定格了团结奋进的民族精神。

四、设计案例

（一）设计案例 1

以"盘王印"元素设计的面料花型及成衣效果（图 12-19 ～图 12-22）。

图 12-19　盘王印纹样

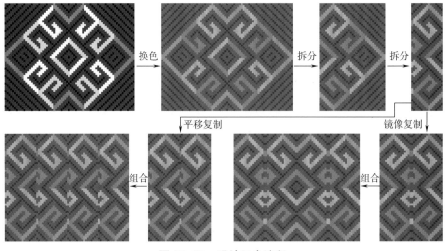

图 12-20　设计组合流程

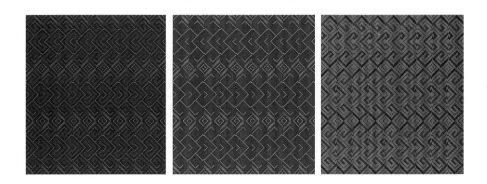

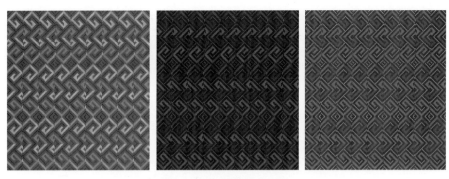

图 12-21　面料外观效果

图 12-22　成衣效果

（二）设计案例 2

以"马头纹、森林纹、松果纹"元素设计的面料花型及成衣效果（图 12-23、图 12-24）。

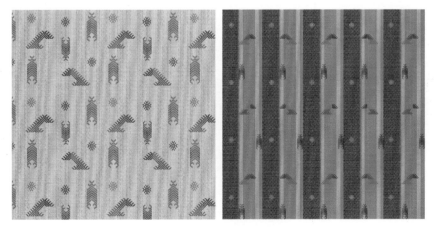

图 12-23　面料外观效果

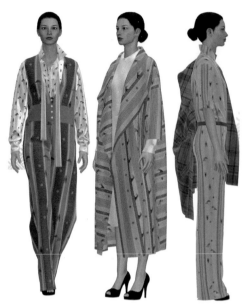

图 12-24　成衣虚拟展示效果

（三）设计案例 3

以乳源过山瑶"绣片"元素设计的面料花型及成衣效果（图 12-25、图 12-26）。

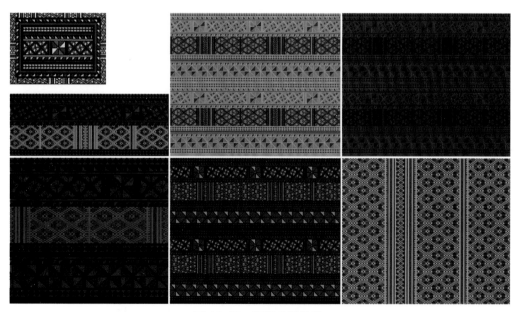

图 12-25　面料外观效果

图 12-26　成衣虚拟展示效果

第三节　瑶族刺绣形纹意象解读与成衣设计应用

　　几千年来，"立象尽意"与"观物取象"的观念在理论与实践层面上为我国文化艺术创立了"尚象"的传统。作为艺术的本体，"象"是与西方现代"有意味的形式"大致相当的艺术哲学概念，是物象和意象的有机统一。意象是主观意识对客观物质在感知基础上的整合过程与结果，它将情感、意涵通过象征、隐喻等艺术手法注入与投射到物象之上，经判断、记忆、概括、抽象等聚合式处理，最终外化形成超越实体的精神形象。就中国传统文化艺术而言，意象既是认识论，又是方法论。意象是艺术创作与鉴赏的工具，是艺术思维的元件，具有寄物抒情、可感可思的特征。粤北瑶族服饰与刺绣特色鲜明，其形制、造型、材质、色彩、工艺、纹样美轮美奂、寓意深刻。传统的反面手工刺绣技艺独特精湛，具有较高的艺术性与观赏性，分别被确定为国家级、省级非物质文化遗产（图 12-27、图 12-28）。

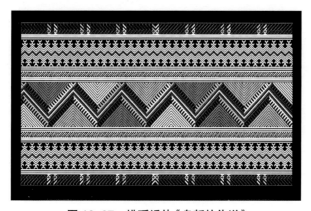

图 12-27　排瑶绣片《盘瓠的传说》

图 12-28　过山瑶《盘王印》反面绣绣片正面和背面

一、固定形纹中的图腾同体意象

原始人在集体狩猎时，基于混沌思维和求安心理，在或恐惧、或感激、或羡慕的情感动机驱动下，用认亲的办法共同选择某种被认为具有超自然能力的动物作为同类亲属，称之为图腾。图腾同体化，是原始族群装扮成图腾姿态，使图腾易于辨认，以确保自身安全。

瑶族始于一个以犬为图腾的部落。随着图腾崇拜从初生阶段向鼎盛阶段的发展，初民把氏族英雄盘瓠引入图腾对象，经图腾合体，犬图腾成了"龙犬"图腾。为了强化与龙犬图腾的联系，还创作了一系列虚实相杂的神话传说，在东汉应劭《风俗通》、东晋郭璞《玄中记》、东晋干宝《晋纪》和《搜神记》、宋罗泌《路史·发挥二》等资料中均有记载。

"五色""斑斓"等字眼在记载瑶人的史籍中屡见不鲜，说明瑶族服饰刺绣的色彩风格已经具有了相当的历史地位。在瑶族的五色观中，虽然也有正色、间色的说法，但与中原的五行五色观有本质的区别，是一种因色赋意、图腾同体的色彩观，它以色彩代图腾，发挥了氏族旗帜的作用，强大的民族内聚与认同力量不仅穿越时空直抵瑶民寻常生活，而且造就了瑶人自信、从容、乐观、开朗、包容、豁达的民族性格。当今，有些瑶族支系仍有戴狗头冠、穿狗尾衫的传统习俗，粤北瑶族则沿袭着五色服，用规范的色彩定式体现着民族尊严，用朴素的色彩语言诉说着图腾同体的意象。粤北瑶族服装通常以纯正的黑色、白色、蓝色、红色为底料，在领口、门襟、袖口、裤脚等处以彩线配绣，另备有大面积刺绣的帽子、头巾、头帕、披肩、腰带、脚绑、花袋等饰品供配搭使用。此外，还有为各种礼仪活动特别准备的花衣、花裙、花裤等锦绣盛装。五色服那绚丽多彩的视觉印象，仿若龙犬附体、盘瓠显灵，立现驱邪庇佑的图腾神力。图 12-29 所示为乳源瑶族背花绣片。

二、祖先崇拜意象

粤北瑶人奉盘瓠为始祖，称其为盘王，即为祖先崇拜。综合诸多史料和相关神话传说，盘瓠的真实形象可勾勒为——在上古时期，有一个以犬为图腾的氏族部落，后来加入以高辛氏为首领的部落联盟之中。盘瓠于公元前 2391 年出生，由高辛氏赐名并抱养。约公元前 2376 年，黄帝与蚩尤两大集团展开涿鹿之战，已成部落首领的盘瓠率部作战建功，得高辛

图 12-29　乳源瑶族背花绣片《十二姓瑶人游耕图》

氏封赏，赐婚封地。战后，盘孤往封地生活十八年，育有六男六女。而盘瓠的神化形象则被刻画成——他出生有异相：在一个以盘盛瓠的盖子里从一只虫化成一只犬，8 个月就长 8 尺高 5 尺，体态健硕，五色斑纹，高辛氏叫他盘瓠。他身份很高贵：作为高辛氏座下龙犬，他随帝四处征战，因智取敌将首级，得帝许配三公主成为驸马。他活得有尊严：不愿坐享舒适，主动携妻进入大山，开始刀耕火种，生下六男六女，并以此为起点，内婚繁衍，壮大氏族，成为瑶族始祖。他谋得大福利：帝下诏赐其子孙世代免征差费、逢山逢田任耕。他显灵大庇护：盘瓠死后，其灵魂仍在时刻护佑后人。在一次漂洋过海的大迁徙中，十二姓瑶人子孙所乘之船在大风大浪中漂了七天七夜，依然看不到岸。在这灭族大难来临之际，盘王闻众人祈求之声显灵救世，风浪立止，三天后船顺利到岸。实际上，从宗教发生的角度来看，图腾崇拜被祖先崇拜取代是必然的历史进程。在万物有灵观念下，对始祖进行神化建构，是最终形成祖先崇拜的关键举措。

　　除了一年一度的盘王节大祭，在服饰上"盖"上盘王印，就是祖先崇拜生活化呈现的最好方式。连南排瑶和乳源过山瑶在服饰上绣配"盘王印纹"的传统保留至今，虽然图形不同，但都以方正醒目、易于识别为原则。其功能一是作为区别其他民族的瑶族族徽标识，二是用于区别瑶族各支系的身份，三是不忘盘王创世之功和庇佑之德的纪念符，四是视为护身符，日常随身佑助。实际上，"盘王印纹"这一形式的背后还另有深远意味。粤北瑶人意欲通过盘王印的服饰展现来主张"免税役"的基本权力，但带来的只是残酷的镇压和剥削。

艰难的散耕游猎生活更加激发了瑶人的自我意识和族群认同。"盘王印纹"是民族自尊心的物化形态，是粤北瑶族集体意识抽象化、意象化的视觉结果，它以简单规范的民族图像定格了团结奋进的民族精神（图 12-30、图 12-31）。

图 12-30　排瑶《盘王印》绣片

图 12-31　过山瑶《盘王印》绣片

三、族群迁徙意象

相关文献显示瑶族的迁徙历史大致如下：在"涿鹿之战"中，黄帝集团的犬图腾部落立功受赏。战后，部落往封地（今豫东鲁西），开启瑶族源头。周朝，中原基本被华夏、戎狄集团占据，包括瑶族先人"荆蛮"在内的蛮夷集团纷纷南迁。"秦汉时期，瑶族先民主要集中在湖南的湘江、资江、沅江中下游和洞庭湖一带地区"，称"五溪蛮"。"莫徭"的称呼出现于隋唐时期，当时的瑶族主要屯聚在湖南，粤北连州也有部分定居者。宋代，湖南境内瑶人多次起义造反，在屡被镇压后，多数瑶民南迁入粤桂。元末明初，两广成为瑶族主要分布区，但随着明朝血腥镇压和征兵屯守政策的实行，除粤北仍有少量瑶族留在本地外，一部分回到湖南当屯守兵，绝大部分都迁往广西。到清末，广西成为瑶族聚居的核心区。随后，在广西的瑶人有小部分迁往云贵，到达云南的瑶民又有一部分跨境到达缅甸、老挝、越南、泰国。"瑶"族是现代的统称。20 世纪 50~70 年代，又有一部分瑶族人由泰国分流去了美国、加拿大、法国。

总体而言，瑶族是史上罕有的长期迁徙民族。虽然不同支系的迁徙时间与路线略有差异，但从黄河流域往南艰辛迁徙是确定无疑的。由于瑶人没有文字，为了防止在经年累月的流动中遗忘历史，勤劳的瑶族妇女们以绣代笔，运用高超的智慧在衣服上记录了迁徙信息并流传至今（图12-32）。

图12-33是连南排瑶绣花衣后片下摆刺绣（局部）。作品运用的是"组形表意"的创作手法，从上向下依次以"马头纹→原野纹→小草纹→原野纹→桥梁纹→原野纹→小草纹→原野纹→树木纹→原野纹→小草纹→原野纹→树木纹→原野纹→小草纹→原野纹→小鸟纹＋森林纹→原野纹→小草纹→原野纹→树木纹→原野纹→小草纹→原野纹→树木纹原野纹→小草纹→原野纹→桥梁纹→原野纹→小草纹→原野纹"平铺组成，调动视线由上而下移动，传递出宏大的族群迁徙意象。马头纹在最上方，昭示祖地在北方，瑶人骑着马一路南向迁徙的主题。原野纹、小草纹、树木纹的并置与重复以及桥梁纹的适时插入，描绘了族群跋山涉水、艰辛辗转的情形。小鸟纹、森林纹的合体，则浮现出一幅林静鸟鸣的画面，瑶人坚忍不拔、苦中取乐的豁达性格跃然纸上。服饰刺绣的族群迁徙意象是传承民族历史、联结瑶族人民的精神纽带。

图12-32　排瑶迁徙图绣片（局部）

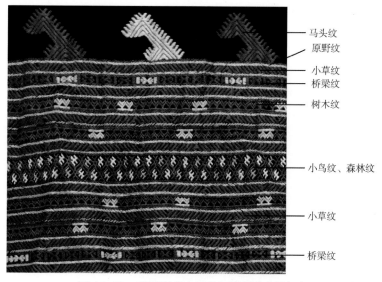

——马头纹
——原野纹
——小草纹
——桥梁纹
——树木纹
——小鸟纹、森林纹
——小草纹
——桥梁纹

图12-33　排瑶绣花衣后片下摆绣片（局部）

四、设计案例

把日常服饰与刺绣作为大众传媒，在鲜活意象的分享中建构族群记忆，这是瑶人特有的民族凝聚策略。粤北瑶族服饰与刺绣艺术所展示的图腾同体、祖先崇拜、族群迁徙意象，实际上是瑶族文化叙事中的思源寻根、尚始崇祖、艰难漂泊、扶危救难等固定主题的图像化表达。

从形意角度审视粤北瑶族服饰与刺绣艺术，从物象到意象自成体系，形简意丰，具备引导、感知、熟悉、理解、认可、依赖等逐渐深入的民族认知功能；从文化视野观照粤北瑶族与服饰刺绣艺术，在变迁中兼具融合与固守，镌刻历史，折射身份、宗教、情感、自我、他者等恒久弥新的民族交流话题。粤北瑶族服饰与刺绣艺术的意象是极富个性的民族文化传承与传播载体，虽然碎片性强、原生性浓，但却是民族认同的基点，具有强大的人文支撑与精神共鸣力量，是粤北瑶族"非遗"文化的标志性符号。

在现代成衣设计中，可以从瑶族服饰标志性符号中汲取灵感，启迪设计。以下两个案例很好地诠释了将瑶族刺绣融入现代成衣设计中。

（一）设计案例 1：《融·新》系列服装设计

1. 设计背景

2018 年，为深化中国民间文化艺术之乡、广东省瑶族文化生态保护实验区建设，推广国家级非物质文化遗产——瑶族刺绣、省级非物质文化遗产——瑶族服饰的传承与保护，推动乳源瑶族自治县瑶族服饰文化的创新和发展，广东省服装服饰行业协会、广东省服装设计师协会与乳源瑶族自治县人民政府共同举办"2018 乳源瑶族自治县瑶族服饰设计大赛"。《融·新》系列服装由此产生。

2. 设计作品分析

作品名称为《融·新》，系列时装为民族特色亲子礼服。作品以乳源瑶绣手工绣片作为设计切入点，首先，从绣片的色彩配比关系中提取出蓝色、绿色作为服装的主色调，提取橙黄色作为点缀色，从色调上保留民族服装醒目的特色；其次，在领子、袖口和腰带部分装饰原生态的手工刺绣绣片，成为视觉焦点；最后，巧妙地将拼接工艺、堆绣技法与时装相"融"，以一种全新的视角诠释瑶绣的艺术魅力（图 12-34）。

图 12-34　设计图

3. 成衣展示（图 12-35）

图 12-35　成衣展示

（二）设计案例 2：《瑶裳·新装》系列服装设计

1. 设计背景

2019 年，为了推广省级非物质文化遗产代表性项目——《瑶族刺绣》的传承与保护，推动连南瑶族自治县瑶族文化在服饰方面的创新应用和发展，广东省服装服饰行业协会、广东省服装设计师协会与连南瑶族自治县人民政府共同举办"连南瑶族自治县瑶族文化采风汇报会暨连南瑶族文化推广大使评选活动"。课题组应主办方邀请，创作了《瑶裳·新装》系列作品。

2. 设计作品分析

《瑶裳·新装》系列作品围绕公职人员职业装与连南排瑶服饰文化元素的紧密结合展开设计。作品在风格上有西服式套装和中式套装两种风格供选择，在类别上考虑了春夏和秋冬款式的协调统一。在创新设计方面，将排瑶传统纹样盘王印、龙角

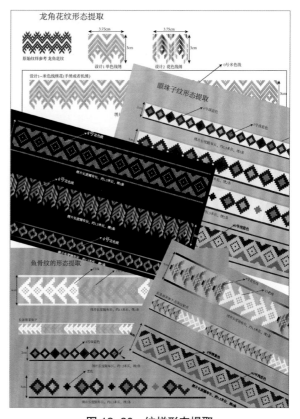

图 12-36　纹样形态提取

纹、眼珠子纹、鱼骨纹进行拆解,然后运用彩色段染绣花线重新编排组合(图12-36),与服装部件结构巧妙结合,作为设计亮点进行细节装饰,营造一种低调、精致而又不失排瑶地域特色的职业服饰形象(图12-37)。

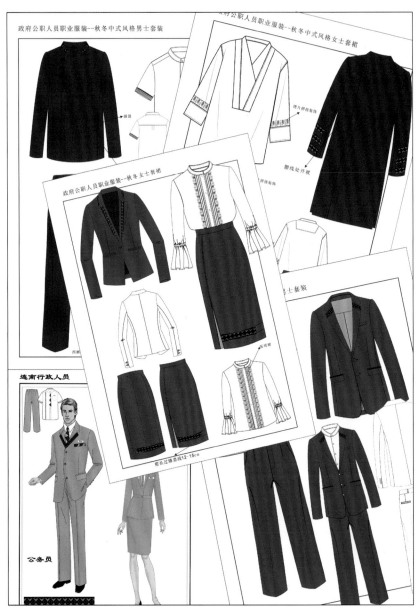

图 12-37　设计图

3. 成衣展示（图 12-38 ~ 图 12-41）

图 12-38 男女春夏款（1） 图 12-39 男女秋冬款（1）

图 12-40 男女春夏款（2）

图 12-41 男女秋冬款（2）

第四节　瑶族服饰文化基因的文创产品设计展示

一、丝巾文创产品系列展示

丝巾文创产品系列展示如图 12-42 所示。

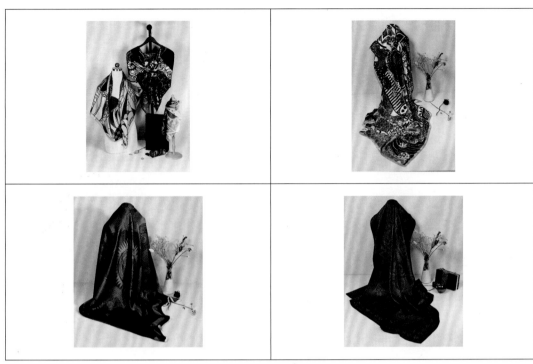

图 12-42　丝巾系列

二、靠枕文创产品系列展示

靠枕文创产品系列展示如图 12-43 所示。

图 12-43

图 12-43　靠枕系列

三、家纺文创产品系列展示

家纺文创产品系列展示如图 12-44 所示。

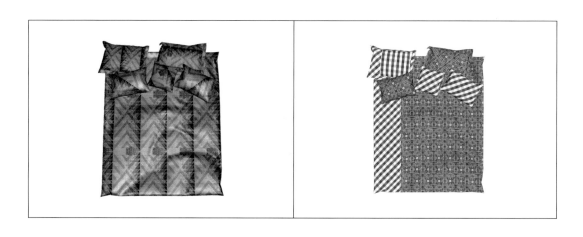

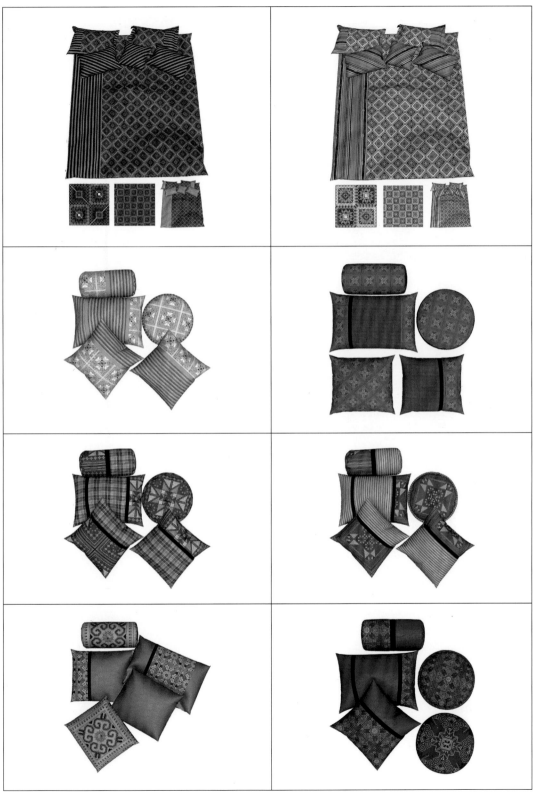

图 12-44

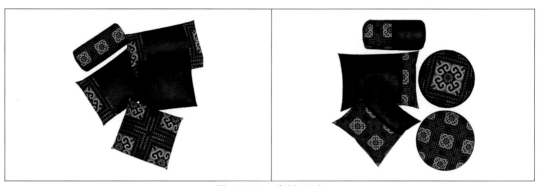

图 12-44　家纺系列

四、其他文创产品系列展示

其他文创产品系列展示如图 12-45 所示。

图 12-45　其他文创产品系列

参考文献

[1] 龙雪梅, 盘志辉. 瑶族刺绣 [M]. 广州: 广东人民出版社, 2009.

[2] 邓菊花, 盘万才. 瑶绣 [M]. 广州: 广东人民出版社, 2008.

[3] 李筱文. 五彩斑斓——广东瑶绣 [M]. 广州: 广东教育出版社, 2012.

[4] 李筱文. 图说广东瑶族 [M]. 广州: 广东人民出版社, 2014.

[5] 李利安. 观音文化简论 [J]. 人文杂志, 1997 (1): 78.

[6] 瑶族简史编写组. 瑶族简史 [M]. 南宁: 广西人民出版社, 1983.

[7] 何星亮. 图腾的起源 [J]. 中国社会科学, 1989 (5): 42.

[8] 马玉山. 京族特色元素在坭兴陶装饰设计初探 [J]. 中国陶瓷, 2015, 51 (6): 77-83.

[9] 王婷婷, 施建平. 彝族太阳纹样的设计分析与应用 [J]. 丝绸, 2014, 51 (3): 43-47.

[10] 肖万娟. 广西壮族文化元素的挖掘及应用手法研究 [J]. 湖北农业科学, 2013, 52 (8): 1872-1876.

[11] 马皎, 张斌. 旬邑彩贴剪纸符号提取与创新设计研究 [J]. 包装工程, 2018, 39 (12): 249-253.

[12] 杨晓燕, 李雪芹, 彭晓红. 诗经文化元素视觉化提取与衍生设计 [J]. 包装工程, 2018, 39 (4): 76-81.

[13] 贺雪梅, 吕娇莉, 曹廷蕾. 基于样本的马勺脸谱造型因子提取 [J]. 包装工程, 2017, 38 (8): 182-187.

[14] 许占民, 李阳. 花意文化产品设计因子提取模型与应用研究 [J]. 图学学报, 2017, 38 (1): 45-51.

[15] 刘丽萍, 李阳. 江南园林文化因子提取及设计应用研究 [J]. 包装工程, 2016, 37 (24): 57-62.

[16] 王伟伟, 寇瑞, 杨晓燕. 汉代服饰文化因子提取与应用研究 [J]. 机械设计与制造工程, 2015, 44 (1): 79-83.

[17] 金颖磊, 吕健, 潘伟杰, 等. 基于kano模型的用户需求因子表征及提取方法研究 [J]. 组合机床与自动化加工技术, 2017 (7): 22-26.

[18] 刘晓敏, 黄水平, 王建辉, 等. 基于 TRIZ 及功能类比的产品概念设计创新 [J]. 机械工程学报, 2016, 52 (23): 34-42.

[19] 王艺舟, 蔡倩云, 张嘉楠, 等. 基于眼动实验的不同地区畲族服饰特征识别 [J]. 丝绸, 2016, 53 (6): 32-37.

[20] 胡伟峰, 陈黎, 刘苏, 等. 汽车品牌造型基因提取及可视化研究 [J]. 机械设计与研究, 2011, 27 (2): 65-68.

[21] 贾洁, 张建设. 赫哲族动物纹样在视觉语言创意中阐释性研究 [J]. 黑龙江民族刊, 2017 (5): 145-149.

[22] 舒悦, 李万洪. 跨界思维下羌绣元素设计应用研究 [J]. 包装工程, 2016, 37 (2): 13-16.